建筑工程项目管理与施工技术研究

夏　瑜　马兴永　余国睿　主编

汕头大学出版社

图书在版编目（CIP）数据

建筑工程项目管理与施工技术研究 / 夏瑜，马兴永，
余国睿主编. -- 汕头：汕头大学出版社，2024. 12.
ISBN 978-7-5658-5507-8

Ⅰ. TU712.1；TU74

中国国家版本馆CIP数据核字第2025F2A373号

建筑工程项目管理与施工技术研究
JIANZHU GONGCHENG XIANGMU GUANLI YU SHIGONG JISHU YANJIU

主　　编：夏　瑜　马兴永　余国睿
责任编辑：郑舜钦
责任技编：黄东生
封面设计：刘梦杏
出版发行：汕头大学出版社
　　　　　广东省汕头市大学路 243 号汕头大学校园内　邮政编码：515063
电　　话：0754-82904613
印　　刷：廊坊市海涛印刷有限公司
开　　本：710mm × 1000mm　1/16
印　　张：12
字　　数：200 千字
版　　次：2024 年 12 月第 1 版
印　　次：2025 年 2 月第 1 次印刷
定　　价：68.00 元
ISBN 978-7-5658-5507-8

编 委 会

前言
PREFACE ▶

在日新月异的城市化进程与建筑行业的蓬勃发展背景下，研究建筑工程项目管理与施工技术，对于推进建筑行业的现代化进程至关重要。这一领域的深入探索，促进了项目管理的专业化，强化了对成本、进度、质量与安全的控制，同时推动了施工技术的革新，为建筑行业带来了更高的效率、更低的成本和更优的环保表现。

本书开篇即聚焦于合同管理的核心作用，强调了法律与商业规则在工程项目中的基石地位，为后续各项管理活动奠定坚实的契约基础。紧接着，深入探讨了成本、质量的两维管理体系，这不仅是衡量项目成功与否的关键指标，更是确保工程平稳推进、资源高效利用、品质卓越与人员安全的必要条件。材料与结构、施工技术等章节则从工程实体出发，详述了建筑材料的选择、结构设计的原理与施工工艺的创新，为工程实践提供了坚实的技术支撑。

在本书的写作过程中，我们得到了很多宝贵的建议，谨在此表示感谢。同时参阅了大量的相关著作和文献，在参考文献中未能一一列出，在此向相关著作和文献的作者表示诚挚的感谢和敬意，同时请对写作工作中的不周之处予以谅解。由于作者水平有限，时间仓促，书中难免会有疏漏不妥之处，恳请专家、同行不吝批评指正。

目录
CONTENTS ▶

第一章　建筑工程项目合同管理

第一节　建筑工程招标与投标

一、建筑工程项目施工招标

(一) 招投标项目的确定

在市场经济条件下，建筑工程项目是否采用招投标方式确定承包人，业主拥有完全的决定权；采用何种方式进行招标，业主也完全自主。但是，为了保障公共利益，各国法律规定，对于政府资金投资的公共项目（包括部分投资和全部投资的项目）及其他涉及公共利益的资金投资项目，当投资额达到一定标准时，必须通过招投标方式确定承包人。对此，我国也有详细的法律规定。根据《中华人民共和国招标投标法》，以下项目应该采用招标方式确定承包人：

(1) 大型基础设施、公用事业等关系社会公共利益、公众安全的项目；

(2) 全部或部分使用国有资金投资或国家融资的项目；

(3) 使用国际组织或外国政府投资贷款、援助资金的项目。

(二) 招标方式的确定

1. 公开招标

公开招标亦称为无限竞争性招标，招标人通过公共媒介发布招标公告，明确招标项目的具体需求和条件，任何符合资格的法人或组织均可参与竞标，享有平等的竞争机会。通常，规定需要招标的建筑工程项目，都应选择公开招标的方式进行。

公开招标的主要优点是，招标方可以在广泛的投标者中挑选出报价最优、工期最短、技术最可靠、资信最好的中标者。但是，这种方式的缺点包括资格审查与评标工作量大、时间长、成本高，并可能因资格预审不严格而发生不合格投标者混入的情况。

需要注意的是，采用公开招标时，招标方应避免设置不合理的条件来限制或排除潜在的投标人。例如，不能设限阻止非本地区或非本系统的法人或组织参与投标。

2. 邀请招标

邀请招标亦称作有限竞争性招标，招标人会在事先进行的考察和筛选后，向特定的几家符合条件的法人或组织发送投标邀请书，邀请他们参与竞标。

公开招标作为一种更透明、竞争更充分的招标方式，能够更好地保障公共利益，防止腐败和滥用权力。因此，大多数国家和国际金融机构要求在可能的情况下优先采用公开招标。若需采用邀请招标方式，则必须得到相关部门的批准。

对于有些特殊项目，邀请招标可能更适宜。例如，国有资金主导的、法定必须招标的项目通常应公开招标；但有以下情形之一时，可采用邀请招标：① 项目技术要求高、条件特殊或受自然环境限制，可选择的潜在投标人极少；② 或者公开招标的成本相对于项目合同金额比例过高。

招标人在采用邀请招标方式时，应至少向三个具备相应能力和良好资信的法人或组织发出投标邀请，以保持招标过程的竞争性和公正性。

（三）自行招标与委托招标

在进行招标活动时，招标人既可以自行管理招标事务，也可以选择将此工作委托给专业的招标代理机构。对于选择自行招标的招标人，必须具备撰写招标文件和组织评标会议的专业能力。如果缺乏这些能力，招标人则需要委托一家有合适资质的招标代理机构来代理招标事务。

招标代理机构的资质等级有甲、乙两种，具体而言，乙级招标代理机构仅可承接总投资额不超过3000万元的建筑工程项目（此额度不包括征地费用、大型市政配套费及拆迁补偿费）。这一限制确保了招标代理机构根据自身等级和能力承担相应规模的项目。

此外，招标代理机构的业务范围较为广泛，不受地域限制，可以跨越省份、自治区乃至直辖市，执行招标代理的职责。这一点提供了更大的灵活性和选择范围给项目招标方，从而可以选择最合适的代理机构，以确保招标活动的专业性和效率。

（四）招标信息的发布与修正

1. 招标信息的发布

工程招标是一种公开的经济活动，因此，要采用公开的方式发布信息。

（1）发布媒介

招标信息应通过政府指定的媒介，包括新闻报刊和官方信息网络平台等进行发布。这样做可以确保招标信息覆盖广泛，及时且准确地传递至所有潜在的投标者。通过这些平台，招标公告可以详细地描述项目的相关信息，以便投标者全面理解项目需求，从而促进招标流程的顺畅进行。

（2）公告内容

公告中必须明确列出以下几个要素：招标人的名字与地址、项目的具体性质、需求的数量、实施的地点与时间、投标截止日期及如何获取招标文件的详细说明。招标人或其委托的招标代理机构负有确保公告内容真实性、准确性和完整性的责任。

招标公告在发布前，需要由招标人或其代理机构的负责人亲自签名，并加盖公司公章，以显示其正式性和认证性。

（3）提供证明文件

招标人或其代理机构在向媒介提交招标公告时，应提供包括营业执照、法人证书和项目批准文件的复印件等相关证明文件，以证实其招标资格。

（4）发布要求

招标人或其委托的招标代理机构应至少在一个指定的媒介发布招标公告。指定报刊在发布招标公告的同时，应将招标公告如实抄送指定网络。招标人或其委托的招标代理机构在两个以上媒介发布的同一招标项目的招标公告的内容应当相同。

（5）招标文件的出售

招标文件应按照公告中规定的时间和地点发售，且从发售开始到停止发售的期间，最少保持5个工作日，以便潜在投标者有足够的时间准备和评估。

（6）收费标准

投标人必须自费购买相关招标文件或资格预审文件，但招标人对招标文件或者资格预审文件的收费应当合理，不得以盈利为目的。对于所附的设计文件，招标人可以向投标人酌收押金；对于开标后投标人退还设计文件的，招标人应当向投标人退还押金。招标文件或者资格预审文件售出后，不予退还。招标人在发布招标公告、发出投标邀请书后或者售出招标文件或资格预审文件后不得擅自终止招标。

2. 招标信息的修正

招标过程中，如果招标人在公布招标文件之后发现文件中存在需要澄清或修改的问题，应当按照规定的程序和标准进行修正。这一过程关键在于确保所有潜在投标者都能在公平的环境下，获得最新、最准确的项目信息。

（1）时限

招标人需要在投标文件提交截止日期前至少15天，发布对招标文件的任何澄清或修改。这一时间规定是为了确保所有潜在的投标者有足够的时间来响应这些更改，并据此调整他们的投标方案，从而维护整个招标过程的合理性与正当性。

（2）形式

所有的澄清和修改都必须以书面形式发布。这样做可以确保信息的正式性和法律效力，防止因口头传达而产生的误解或争议。书面形式的文件也便于所有参与方进行档案存储和未来参考，增强了招标流程的透明度。

（3）全面

招标人必须直接将所有澄清或修改的信息通知到所有已接收招标文件的潜在投标者。这一措施保证了信息的广泛传达和公平性，并确保所有投标者在同一起跑线上公平竞争。只有通过这种方式，招标活动才能真正达到公开、公正的目的。

修正和澄清文件作为原始招标文件的补充，其内容是招标文件不可分割的一部分，对招标文件的理解和执行具有同等的重要性。因此，招标人在进行任何修正或澄清时，都应严格按照这些准则操作，以确保整个招标流程的合法性和有效性。

（五）招标的流程

1. 资格预审

招标人可以根据招标项目本身的特点和要求，要求投标申请人提供有关资质、业绩和能力等的证明，并对投标申请人进行资格审查。资格审查分为资格预审和资格后审。

资格预审是指在招标活动开始之前或初期，招标方对有意参与投标的申请者进行全面的资质审查，包括对申请者的资质条件、业绩、信誉、技术实力和财务状况等方面的审查。只有那些经过认定符合标准的潜在投标者，才有资格继续参与后续的投标活动。资格预审的主要目的是从众多申请者中筛选出最合适的候选者，以保证项目能交由最有能力的企业执行。这一步骤有助于招标方了解每一个潜在投标者的综合实力和过往业绩，以确保他们具备完成项目的能力。

资格预审主要具有以下作用：① 降低风险：通过资格预审，招标方能够从众多申请者中筛选出最优秀的候选人，大幅度降低了项目实施过程中的风险。确保项目不会因选错承包商而受到不必要的延误或质量问题。② 节约成本和时间：资格预审有助于缩减投标的总人数，从而减少了评审阶段所需的时间和成本。对于不符合要求的申请者来说，也节省了他们准备投标书和参与后续无望的投标活动的成本。③ 市场反馈：资格预审还能让招标方了解市场对此项目的兴趣度。如果发现潜在投标者的兴趣低于预期，招标方可能会调整招标条款，以吸引更多的企业参与。

2. 标前会议

标前会议也被称为投标预备会或招标文件交底会。此类会议通常由招标人依照预定的时间和地点组织召开，目的在于确保所有参与投标的单位对招标项目有充分的了解和准备。

在标前会议上，招标人首先会对工程项目的基本情况进行详细介绍，以确保所有投标人对项目的规模、重点及要求有清晰的认识。此外，招标人还会对招标文件中的关键内容进行必要的修改或补充说明。这些修改或补充通常包括合同条款、技术规格、提交文件的格式等方面的内容，旨在消除文件可能存在的歧义，以确保投标过程的顺利进行。会议还提供了一个平台，允许投标人就招标文件中的具体内容提出疑问。招标人需要对投标人在书面上提前提交的问题及会议中即席提出的问题进行详尽的回答。这一环节是非常重要的，它帮助解决可能影响投标结果的疑虑和不确定性。

标前会议结束后，招标人有责任将所有会议内容和答复整理成会议纪要，并将这些纪要以书面形式分发给每一位参会的投标人。这些会议纪要和答复信件构成了招标文件的补充部分，具有与招标文件同等的法律效力。如果补充文件中的内容与原招标文件存在不一致之处，应以补充文件中的内容为准。

为了更好地适应可能的变更，招标人有时也会在标前会议上根据实际情况决定是否延长投标文件的提交截止时间。这一措施旨在给予投标人更多的时间来考虑和适应会议中讨论的招标文件的补充或修改内容，从而使他们能够更好地准备和编写投标文件。

3.评标

评标过程是招标活动中极为关键的一环，其包括准备阶段、初步评审、详细评审等多个重要步骤。

在评标的准备阶段，评标委员会将确保所有评审活动的标准与程序得到严格遵守，为评审过程的公正性和透明度奠定基础。此阶段的准备工作涉及对评标标准的复审和评标人员的培训，以确保评标过程中的专业性和公正性。

初步评审是评标过程的初步阶段，主要目的是进行符合性审查，检查每份投标文件是否符合招标文件的根本要求。此阶段的关键检查点包括：投标者的资格证明、投标文件的完整性、投标保证的有效性，以及投标内容与招标要求是否存在显著的差异。对于那些在本质上未响应招标文件要求的投标，将被视为无效，不会进入评标的下一阶段。此外，初步评审还需核查报价的计算是否正确，例如：文字与数字不一致时以文字为准，单价与总价计算不符时以单价为准。对于正本与副本内容不一致的情况，则以正本为准，相关更正需得到投标者的确认。

详细评审是对投标文件进行实质性审查，包括技术评审和商务评审。技术评审侧重于评估投标文件中提出的技术方案的先进性、合理性、可靠性、安全性、经济性等。此部分包括对提案的技术措施、设备使用、人员配备及项目管理结构等多个维度的评价。商务评审则关注报价的合理性，评估包括报价的构成、计价方式、支付条件、税费及其他可能的成本因素在内的多个商务条款，以确保投标报价的公平与市场竞争性。

评标方法可以根据具体的招标内容和项目需求灵活选择，包括评议法、综合评分法及评标价法等。每种方法都有其适用的场景和优势，选择合适的评标方法是确保评审效果的关键。

评标过程的最后阶段是推荐中标候选人。评标委员会将基于综合评审的结果，推荐 1 ~ 3 个候选人，并明确他们的排序。这一推荐旨在确保招标过程的结果既公正又高效，同时满足项目的质量与成本效益要求。

二、建筑工程项目施工投标

(一) 研究招标文件

1. 投标人须知

投标文件是招标过程中的重要环节，是招标人向潜在的承包商传达项目需求的主要方式。该部分通常包含工程项目的概况、招标的具体内容、招标文件与投标文件的结构、定价原则、招投标的具体时间表等多个方面的信息。投标人在准备投标书时，需要注意以下内容：① 需确保对招标项目的详细内容和范围有充分的了解，避免信息遗漏或错误报告。② 确保投标文件齐全、合规，缺失任何要求的文件可能导致投标无效。③ 对于招标过程中的答疑和投标截止时间等重要时刻，投标人应严格遵守，以免因时间管理失误而错失竞标机会。

2. 投标书附录与合同条件

投标书附录与合同条件是招标文件中的关键部分，详细列出了中标后投标人将享有的权利和承担的义务。这些信息对于投标人在制定报价策略时至关重要。因此，投标人在准备投标文件时，不仅需要关注成本和利润，还要综合考虑合同条件对整体报价的影响。

3. 技术说明

招标文件中的技术说明部分，通常详细描述了工程施工的技术规范和特殊要求。投标人需仔细研读此部分，了解是否有特殊的施工技术要求、是否需要特殊材料或设备，以及有关选择代用材料的具体规定。这些信息对于确保投标报价既准确又具有竞争力至关重要。

4. 永久性工程之外的报价补充文件

在建筑工程项目中,永久性工程指的是合同所涵盖的主体工程及其相关设施。为了确保工程顺利完成,业主可能会向承包商提出一些额外要求,例如,拆除现有的建筑和设施、设置工程师的临时办公地点及其相关费用、制作模型、发布广告、拍摄工程照片以及相关的会议费用等。投标人需要将这些潜在的额外开支纳入总报价中。确保所有相关费用都被考虑进去,是避免在项目实施过程中出现预算超支的关键。

通过这些细致入微的准备和研究,投标人可以提高自身在招标过程中的竞争力,不仅确保投标书符合所有招标要求,还能准确反映项目的实际成本和潜在风险。这不仅是对投标人专业能力的考验,也是确保能够承担起项目责任并顺利完成建设任务的前提。

(二) 开展综合调查研究

1. 市场宏观经济环境调查

在招标过程中,投标人必须全面了解工程项目所在地的经济环境,包括研究相关的法律法规、了解劳动力和建筑材料的供应情况、设备租赁市场的现状,以及专业施工企业的运营状态和价格水平等因素。这些因素直接影响项目的成本、进度和质量,投标人通过这些调查可以更准确地制定投标策略和报价。

2. 工程项目现场及区域环境调查

投标人需要对工程项目的施工现场进行详尽考察。这包括评估地区的自然条件和施工环境,如地质状况、气候特征、交通状况以及水电等基础设施的供应情况。这种现场和区域的深入调查有助于投标人准备应对可能出现的技术和物流挑战,以确保项目能够顺利进行。

3. 工程项目业主与竞争对手的深入了解

投标人还需要详细了解工程项目的业主和潜在竞争对手。重点是业主的财务状况和项目资金的确保情况,以及其他参与竞标的公司的实力和地区施工企业的状况。了解竞争对手的策略和与业主及其他承包商的关系,对于制定有效的投标策略至关重要。此外,投标人应积极参与现场勘查和招标前的会议,这是获取项目详细信息和建立业务联系的重要途径。

（三）复核工程量

对于单价合同，投标人必须基于图纸细致核算工程量。若核查结果与预期有显著出入，投标人应及时向招标人提出澄清请求。这种情况下，精确的工程量核算对于结算工程款尤为重要。

在总价合同的情境中，工程量的准确估算显得尤为关键。由于总价合同的结算基础是固定的总报价，任何工程量的误差都可能导致不可逆转的经济损失。特别是在业主未在投标前纠正争议工程量且明显不利于投标者的情况下，投标人须在投标文件中明确声明关于工程量的误差，并强调在结算时应以实际完成的工程量为准。

在工程量核算过程中，承包商应详细参照招标文件中的技术规范，确保对每一个项目的工程量都有全面的理解，避免因单位、数量或价格的计算错误而引发的问题。

（四）选择施工方案

施工方案应由投标人的技术负责人领导。施工方案的制定应综合考虑多种因素，如施工方法选择、主要施工机具配置、各工种人力资源分配、现场人员的调度平衡、施工进度安排及安全措施等。有效的施工方案不仅应确保技术上的可行性、满足工期和质量的要求，而且应对招标人具有吸引力，同时有助于降低施工成本。

（五）投标计算

投标计算是投标人对招标项目施工可能产生的各项费用进行详尽的估算。在执行这一步骤时，投标人首先需要依据招标文件进行工程量的复核或估算。这一复核是为了确保投标时的成本估算与项目实际需求相匹配。

为了精确地成本估算，确定合理的施工方案与施工进度是必不可少的条件。投标人需在投标前明确施工的具体方案及预期的施工进度，以此作为投标计算的基础。此外，投标计算还应与所采用的合同计价形式相协调，以确保投标的报价既竞争力强又经济合理。

（六）确定投标策略

正确的策略选择对于提升中标机会和增加项目利润有着不可忽视的影响。投标策略的选取应根据市场状况、竞争对手的情况及项目特性来定。常见的策略包括依靠良好的企业信誉、提供较低的报价、承诺缩短工期、提出改进的设计方案或使用先进及特殊的施工技术来吸引招标方。每种策略都应在投标准备的不同阶段如施工方案的制定、成本计算等环节得以体现和执行。

（七）正式投标

1. 注意投标的截止日期

招标方明确的截止日期是投标文件提交的最后期限，所有投标文件必须在此日期之前提交。如果文件在规定时间后送达，招标方有权不予接受，该投标将被视为无效。因此，投标人应提前做好时间规划，以确保所有必需的文件能够在截止日期前正确提交。

2. 投标文件的完备性

投标人需要根据招标文件的具体要求来编制和准备自己的投标文件。文件中应详尽回应招标文件中提出的所有实质性要求和条件。任何缺失或未能满足招标要求的内容，如在招标范围外提出新的条件或要求，都可能导致投标文件被招标方拒绝。若投标成功，投标人必须依照自己在投标文件中所述的方案完成工程，包括但不限于工程的质量标准、完成的工期、进度安排及报价等。

3. 注意投标文件的标准

所有投标文件必须经过恰当的签章和密封处理。投标文件应当被正确密封，且须有投标企业的公章和企业法人的名章（或签字）加盖。对于远离企业所在地的工程项目，若由当地项目管理团队组织投标，必须提交由企业法人签发的项目经理授权委托书。这些标准操作确保文件的正式性和合规性，防止在审核过程中出现无效的情况。

三、合同的谈判与签订

(一) 合同订立的程序

建筑工程项目的合同订立主要包括要约、承诺和谈判过程。这不仅确保了合同各方的权利和义务得到明确和保障，也是项目顺利进行的法律基础。每一步都需要合同各方的高度重视和仔细处理，以确保合同的合法性和实效性。

(1) 合同订立的过程始于要约的发出。招标是一个典型的要约过程。招标方通常会通过媒体发布招标公告或直接向符合资格的投标人发送招标文件，这本质上是一种邀请他人提交投标的行为，即法律上的"要约邀请"。接着，感兴趣的投标人将根据招标文件的要求，在规定的时间内提交自己的投标文件，这一行为构成了对招标的响应，即"要约"。

(2) 承诺的形成。招标方在接收到所有投标文件后，将进行评标工作，以决定哪一家投标人的提案最符合项目的需求。确定中标人后，招标方会向其发送中标通知书，这一行为在法律上被视为"承诺"，表示招标方接受了中标人的投标，并愿意与其订立合同。

(3) 一旦中标人收到中标通知书，双方便会进入合同谈判阶段。在这一阶段，双方将详细讨论并最终确定合同的具体内容和相关条款。这些内容包括工程的施工标准、质量要求、工期安排、费用支付方式等关键因素。谈判成功后，双方将签署正式的书面合同，至此，建筑工程合同正式订立并开始生效。

(二) 建筑工程施工合同谈判的主要内容

1. 关于工程内容和范围的确认

招标方和中标方将基于招标文件中的描述，对具体的工作内容进行详尽讨论。这一阶段，双方会针对工程承包的具体内容和范围展开沟通，可能对某些工作内容进行修改、明确或细化，以确保双方对工程的要求和期望达成一致。同时，对于需要向监理工程师提供的建筑物、家具、车辆及其他服务的详细说明也会被一一明确。

2. 关于技术要求、技术规范和施工方案

招标方和中标方需要对工程所需的技术标准和执行方案进行讨论和确认，必要时还可能根据实际情况调整技术要求和施工方案，以适应工程实施中可能出现的技术和操作上的变更。

3. 关于合同价格条款

建筑工程施工合同的计价方式包括总价合同、单价合同和成本加酬金合同，这些通常在招标文件中已经明确。尽管在合同类型已经确定的情况下，价格条款似乎没有太多讨论余地，但中标方仍可以在谈判过程中提出减少风险的改进方案，尤其是在一些大型项目中，这种灵活性是非常必要的。

4. 关于价格调整条款

在长期的建筑工程项目中，受到市场经济变动的影响如货币贬值和通货膨胀等因素，项目成本可能发生不可预见的变化。这些变化可能导致承包人承担巨大的经济损失。为了公平解决这些由承包人无法控制的风险，引入价格调整条款成为必要的做法。这些条款通常明确规定了在特定条件下，合同价格如何进行调整，以缓解因市场波动对承包方产生的不利影响。

在实际的合同设计中，无论是采用单价合同还是总价合同，价格调整条款都能够为合同的计价方式提供必要的补充。这些调整不仅确保了合同的价格能够反映真实的市场状况，还直接关系到承包人的利益。由于建筑成本通常存在上升的趋势，这种条款在经济不稳定时期显得尤为重要。因此，在合同谈判中，承包人必须对价格调整条款给予足够的关注和谨慎，确保在合同执行过程中，能够有机制来适应经济环境的变化，以保护自身免受巨大的经济损失。

5. 关于合同款支付方式的条款

建筑工程施工合同中的款项支付，包括工程预付款、进度款支付、最终付款、退还质量保证金等。每个阶段的支付都有其特定的时间点、方式、条件和审批程序，这些都需要在合同谈判中明确。支付方式的选择不仅影响承包人的现金流，还可能对项目的整体进度和成本产生显著的影响。

在谈判中，承包人和发包人需共同考虑合同款项支付的条款，确保这些条款能够合理地反映工程进度，同时保证资金的及时流转，支持工程顺利进行。这包括确立合理的预付款比例，设置合理的进度款支付节点，以及在项目完工后如何快速、公正地处理最终款项和质量保证金的退还。

6. 关于工期和维修期

对于涵盖多个单项工程的建筑项目，承包人可以通过合同规定，允许分部分项或分批进行业主验收，并从各批验收之日起开始计算相应部分的维修期。这一做法可以有效缩短责任期限，从而最大限度地保护承包人的权益。此外，承包人在合同谈判中应争取到由于工程变更、恶劣气候以及其他不可预见的施工条件变化等因素对工期产生不利影响时，可以合理延长工期的权利。这些明确的条款将帮助承包人减少不可控因素带来的风险。

关于维修期的安排，承包人应主张使用维修保函代替质量保证金的做法。与直接扣留质量保证金相比，维修保函对承包人更为有利，因为它有明确的有效期，并在期满后自动作废。如果真正发生维修费用，业主可以凭借维修保函向银行索取相关款项。这种方法不仅减轻了承包人的财务负担，也保证了业主的权益，实现了双方的公平。维修期一旦结束，承包人应及时从业主处撤回维修保函，以免留下潜在的财务风险。

7. 合同条件中其他特殊条款的完善

合同条件中其他特殊条款的完善也同样重要，包括完善合同图纸条款，确保所有图纸详尽、准确无误；完善违约罚金和工期提前奖金条款，合理设定奖罚机制；完善工程质量验收以及衔接工序和隐蔽工程施工的验收程序，确保工程质量和顺利交付；完善施工占地条款，确保施工场地的合理利用；完善向承包人移交施工现场和基础资料的条款，保障施工顺利进行；完善工程交付条款，明确交付的标准和条件；以及完善预付款保函的自动减额条款，确保财务安全。

(三) 建筑工程施工合同最后文本的确定和合同签订

1. 合同风险评估

承包人需要仔细审查合同的法律有效性、完整性以及双方的责任和权益。这一过程包括对合同条款的风险进行评审、认定和评价，确保合同的条款公正且符合双方的利益，从而避免未来可能发生的法律争议。

2. 合同文件内容

（1）合同协议书：这是合同的核心文件，包含工程的基本信息、合同工期、质量标准、合同价格、项目经理信息等重要条款。

（2）工程量及价格：详细列出了工程的各项分部分项工程量及其对应的价格，通常是通过工程量清单或预算书来体现。

（3）合同条件：包括合同的一般条件和特殊条件，明确了合同双方的权利和义务。一般条件是通用的合同条款，而特殊条件则是针对具体工程项目定制的条款。

（4）投标文件：投标人根据招标文件要求提交的文件，包括技术标和商务标，详细描述了投标人的施工方案、报价等内容。

（5）合同技术条件（合同纸）：详细规定了工程的技术要求、施工工艺、质量标准等技术性内容。

（6）中标通知书：招标人向中标人发出的正式通知，确认中标人的法律文件。

（7）招标文件：招标过程中招标人发布的文件，包括工程的技术规格、要求和数量、投标须知、合同主要条款等。

（8）其他双方认为应该作为合同组成部分的文件：根据工程的具体情况，双方可能还会将其他文件纳入合同组成部分，如设计图纸、技术规范、安全文明施工要求等。

3. 关于合同协议的补遗

关于合同协议的补充内容，通常在合同谈判阶段通过补遗的方式，将双方的协商成果转化为书面形式，有时亦可采用谈判会议纪要记录下来。需要强调的是，建筑工程施工合同须严格遵循相关法律规定。一旦合同内容违反法律，即便双方已签署同意，该合同也无法得到法律的承认和保护。

4. 签订合同

双方在谈判结束后，应根据前述讨论的结果和规定格式，草拟一份完整的合同文本草案。待双方代表审核并同意后，该草案便成为正式的合同文档。在双方检查确认无误并进行初步签字之后，合同谈判阶段方才宣告完成。随后，承包方应当及时准备并提交履约保函，以便正式进入合同签订阶段，签订建筑工程施工合同。这一系列步骤确保了最后文本的准确性和合法性。

第二节 建筑工程施工合同实施

一、施工合同分析的任务

(一) 合同分析的含义

合同分析指的是从执行合同的视角出发，对合同内容进行详细的分析、补充和阐释，确保合同的目标和规定具体化并应用于实际操作的每一个环节和时间点。此过程是为了引导具体的工作执行，保证工程项目严格依照合同条款进行，同时也为合同的有效执行和监管提供支持。合同分析与招标过程中对标书的解读不同，二者目标与重点有所区别。通常，合同分析是由企业内的合同管理部门或项目团队中负责合同管理的人员执行的。

(二) 合同分析的目的和作用

1. 合同分析的必要性

在承包人签订合同之后，开始履行和执行前，进行合同分析是非常必要的，原因包括：

（1）合同条款多使用法律术语，这些条款往往不够直白，难以理解，需要通过详细解释来使其变得更加清晰和明确；

（2）在同一工程项目中，不同的合同条款可能构成复杂的体系，多达数十甚至上百份合同之间的相互关系错综复杂；

（3）合同所涉及的具体事件和工程活动要求（如工期、质量、费用等）及各方责任、事件与活动的逻辑关系等均极为复杂；

（4）许多工程小组或项目管理人员所参与的只是合同的部分内容，对合同的全面理解对于实施至关重要；

（5）合同可能存在未被识别的问题和风险，包括在合同审查过程中已经发现的风险和潜在的未知风险；

（6）合同中的任务需要被细化和具体执行；

（7）在合同执行过程中可能出现的争议可以通过分析提前预见并采取措施预防。

2. 合同分析的作用

（1）分析合同中的漏洞，解释有争议的内容

在合同的起草及谈判阶段，即便双方都力求完备，但由于合同内容的复杂性，难免会有遗漏或表述不清的地方。这些漏洞如果不及时发现和修正，将来可能成为双方争议的焦点。通过仔细的合同分析，可以有效地识别这些潜在的风险点，为合同的顺利履行打下坚实的基础。此外，合同在实施过程中，双方可能因对某些条款的理解不一而产生争议。合同分析在这里的作用是帮助双方达成共识，解释和阐明争议条款，从而促进合同的顺利执行。

（2）分析合同风险，制定风险对策

不同的合同，尤其是在工程项目中，可能涉及各种不同的风险因素，如成本超支、时间延误、技术问题等。合同分析可以帮助项目管理者识别这些风险点，并根据合同条款制定相应的风险对策。这样，一旦遇到问题，项目团队可以迅速根据预定的对策进行应对，减少损失，保证项目的正常进行。

（3）合同任务分解、落实

在大型工程项目中，合同往往包含众多具体的任务和要求，这些需要被细致分解并分配到相应的工作小组或部门。合同分析在此过程中起到桥梁的作用，确保每个任务都能被正确理解和执行。任务分解后，相关责任人需要明确自己的责任范围和具体要求，合同分析提供了这一过程的指导和依据。

3. 建筑工程施工合同分析的内容

（1）合同的法律基础

合同的法律基础是指合同签订及其实施所依据的法律框架。在合同分析过程中，了解适用的法律条文及其特点是必要的，它能帮助承包方在合同执行过程中做出合理判断，特别是在索赔和合同调整时。例如，合同条款中会明确列出哪些法律是适用的，承包人需要对这些法律进行深入的分析，确保在合同实施过程中的每一个决策都有法律依据，从而有效规避法律风险。

（2）承包人的主要任务

承包人的任务通常详细列在合同文档中，包括设计、采购、生产、试验、运输、土建施工、设备安装、验收和试生产等多个环节。此外，合同中

还会明确承包人在施工期间对工地管理的责任，如为业主管理人员提供必要的生活和工作支持等。承包人的工作范围和责任界限通常由工程量清单、图纸、工程描述和技术规范等文档定义。

在合同执行的过程中，若工程师指示的工程变动在合同规定的范围内，承包人需要无条件遵守执行。然而，如果所需的变更超出了合同约定的承包人风险承担范围，承包人有权向业主提出相应的变更补偿要求。这一点在固定总价合同中尤为重要，因为任何未预见的变化都可能导致成本的增加，从而影响整个项目的经济效益。

（3）发包人的责任

①代表性职责：发包人通常聘请一名工程师，并授权其在一定范围内代表自己履行合同职责。这不仅包括技术指导，还包括合同中规定的具体管理任务。

②协调与决策职责：在多方参与的工程项目中，发包人与工程师共同负责明确不同承包人和供应商之间的责任界线，有效解决争议，确保项目各环节的协调一致。此外，发包人还需及时做出关键决策，如审批工程变更、回应承包人的查询以及完成必要的检查和验收工作。

③支持与供给职责：为了保障工程的顺利进行，发包人需要提供必要的施工条件，包括及时交付设计资料、图纸，确保施工场地和道路的使用权等。同时，确保按合同约定支付工程款项，及时接收完成的工程部分，是发包人的基本职责。

（4）合同价格

①合同所采用的计价方法及合同价格所包括的范围；

②工程量计量程序、工程款结算（包括进度付款、竣工结算、最终结算）方法和程序；

③合同价格的调整，即费用索赔的条件、价格调整方法、计价依据、索赔有效期规定；

④拖欠工程款的合同责任。

（5）施工工期

在实际工程中，工期拖延极为常见和频繁，而且对合同实施和索赔的影响很大，所以要特别重视。

（6）违约责任

违约责任是合同中至关重要的一部分，以确保所有参与方严格遵守合同条款，并为可能的违约行为设定了明确的后果。违约责任通常包括以下内容：

① 违约金与损失赔偿：如果承包人未能按照合同规定的工期完成工程，其需要支付违约金或赔偿业主的损失，包括因管理不善导致的人员或财产损失的赔偿。

② 故意与过失的责任：对于因预谋或故意行为导致的损害，合同应明确规定相应的处罚和赔偿措施。这种规定有助于防止恶意行为并维护合作双方的合法权益。

③ 严重违约的处理：在承包人或业主严重违约的情况下，合同需要详细规定处理这种情况的具体步骤。特别是对于业主延迟支付工程款的情况，合同应具体说明违约的后果。

（7）验收、移交和保修

项目的验收和移交是工程合同的重要环节，标志着项目从施工阶段向运营阶段的过渡。验收程序包括对材料和机械设备的验收、隐蔽工程的检查、单项工程及整体竣工验收等。这些流程确保工程质量符合合同要求。

竣工验收合格后，即进行工程移交，这一过程不仅仅是物理的交付，更包括了权责的转移。移交意味着业主的接受、工程施工的结束，以及承包人照管责任的终止和业主责任的开始。

保修期的开始标志着承包人对工程质量的最终承诺。合同中应明确保修责任的内容、期限及业主在保修期内的权利。

（8）索赔程序及争执的解决

合同中的争议解决条款是维护双方利益、高效解决合同执行中出现问题的关键。明确的索赔程序和争议解决机制是处理合同中问题的基础，包括索赔的具体条件、程序，以及争议的解决方式，如调解、仲裁或法院诉讼。仲裁条款应详细规定仲裁的法律依据、地点、方式和程序，以及仲裁结果的法律约束力。这样的规定有助于双方明确仲裁过程的规范性和权威性。

二、施工合同交底的任务

合同和合同分析的资料是工程实施管理的依据。合同分析后，应向各层次管理者做"合同交底"，即合同管理人员需对合同的主要条款进行彻底的分析，并对这些内容进行详尽的解释和阐述。此后，通过组织项目管理团队及各工程小组的学习和讨论，使得项目相关人员能够全面掌握合同内容、关键规定、管理流程。在传统的施工项目管理中，虽然人们通常会重视图纸的交底，但往往忽略了对合同内容的深入分析和交底，这种疏忽会导致项目团队对合同的理解不足，进而影响合同的顺利履行。因此，项目经理或合同管理人员需要对责任进行明确的分解，以确保每一项任务都能被具体的工作小组、个人或分包单位清楚地理解和执行。具体而言，"合同交底"的目的和任务可以归纳为以下几点：

（1）达成对合同主要内容的共同理解；

（2）将合同中提到的各种事件的责任细化，并落实到各个工程小组或分包者；

（3）对工程项目的各个任务进行分解，明确其质量标准、技术要求以及实施过程中的重点注意事项；

（4）明确各项工作或各个工程的具体工期要求；

（5）设置并明确成本目标及资源消耗标准；

（6）澄清相关事件之间的逻辑关系，确保项目流程的连贯性；

（7）确定各个工程小组（包括分包人）之间的责任划分；

（8）讨论并明确任务未完成时的具体影响及法律后果；

（9）明确合同中涉及各方（如业主、监理工程师等）的责任和义务。

三、施工合同实施的控制

(一) 施工合同跟踪

在施工项目的实施阶段，对合同的跟踪管理是确保合同条款得到妥善执行的关键。施工合同跟踪涉及一系列系统的控制和监督活动，旨在确保项目的顺利进行，并且合同条款得到严格遵守。合同签署后，对于施工项目的管理而言，合同条款的执行必须具体落实到相应的项目管理团队或参与的个别成员身上。在这个过程中，承包单位担负着重要的责任，需要持续跟踪、监控并控制项目的实施情况，以确保各项合同义务能够得到完全履行。

施工合同跟踪主要包括两个层面的内容：一是承包单位中负责合同管理的部门需对执行合同的项目管理团队或个人进行持续的监督、检查和跟踪；二是项目管理团队或参与人员自身也必须对合同的执行计划进行监控，包括对计划的执行情况进行追踪、检查和对比。这两个方面的工作是相辅相成的，缺一不可。

1. 合同跟踪的依据

（1）合同本身及其衍生的各种执行计划文件。这是跟踪的主要依据，为合同执行提供了具体的行动指南。

（2）实际工程活动产生的文件，如原始记录、报表和验收报告等。这些文件反映了工程进度和质量的实际情况，是进行有效监督的重要参考。

（3）管理人员对现场情况的直接观察，包括现场巡视、与工作人员的交流、参与会议以及进行质量检查等。这些活动帮助管理人员获得第一手资料，对合同执行情况进行更为直观的评估。

2. 合同跟踪的对象

（1）工程施工的质量：包括材料、构件、制品和设备等的质量以及施工或安装质量是否符合合同要求等。对于工程小组或分包人所负责的工程，总承包商需要进行跟踪检查、协调关系，并提出意见、建议或警告，以保证工程总体质量和进度。

（2）工程进度：需要监控工程是否在预定期限内施工，工期是否有延长，以及延长的原因是什么等。总承包商必须对分包人的工程进度进行监控，以确保整体工程进度不受影响。

（3）工程数量：需要确保工程数量是否按合同要求完成全部施工任务，是否有合同规定以外的施工任务等。分包人的工作和负责的工程必须纳入总承包工程的计划和控制中，以防止因分包人工程管理失误而影响全局。

（4）成本的增加和减少：需要监控成本的变化，包括增加和减少的情况。总承包商需要对分包人的成本控制情况进行监督，以避免成本的增加。

（5）业主委托的工程师的工作：包括业主是否及时、完整地提供了工程施工的实施条件，如场地、图纸、资料等；业主和工程师是否及时给予指令、答复和确认等；业主是否及时并足额地支付了应付的工程款项。

(二) 合同实施的偏差分析

1. 产生偏差的原因分析

合同执行中的实际情况应与原定的实施计划进行对比，以此发现可能的偏差。对于这些偏差的原因分析，可以运用多种工具和方法，如鱼刺图、因果关系分析图等，来进行详细的定性或定量分析。通过这些分析方法，项目管理团队可以深入理解偏差发生的内在逻辑和外部因素，如成本量差、价差和效率差等。

2. 合同实施偏差的责任分析

在识别出偏差后，责任分析成为必要步骤。这一分析需明确偏差的责任归属，即哪些偏差是由承包商引起的，哪些是由其他因素导致的。所有责任划分都必须严格依据合同条款来执行，以确保责任的公正合理分配。

3. 合同实施趋势分析

对于已经发现的偏差，项目团队需要进行趋势分析，评估采取不同调整措施后合同执行的可能结果和发展趋势，主要内容包括：

（1）评估项目的总体工期延误、总成本超支、质量标准的达成与否以及预期生产能力的实现程度等；

（2）评估这些偏差对承包商的可能后果，如罚款、财务清算甚至法律诉讼，以及这些后果对承包商的资信、企业形象和经营战略可能造成的影响；

（3）评估整个工程的经济效益，以便更全面地理解偏差处理的重要性。

(三) 合同实施偏差处理

基于以上分析，承包商应采取适当的调整措施，以纠正或缓解合同实施中的偏差。这些措施包括：

（1）组织措施：增加人力资源的投入、优化人员安排、调整工作流程和工作计划等。

（2）技术措施：变更技术方案，引入新的、更高效的施工技术和方法。

（3）经济措施：增加资金投入，实施经济激励措施，以提高项目团队的执行效率和动力。

（4）合同措施：根据实际情况进行合同变更、签订附加协议或采取索赔等手段。

通过这样全面的偏差分析和处理，项目管理团队不仅可以更有效地控制和指导工程项目的顺利实施，还可以在未来的项目管理实践中积累宝贵的经验和教训。这不仅有助于提升团队的整体管理水平，还能在激烈的市场竞争中为企业取得更大的发展和成功。

（四）工程变更管理

工程变更管理是工程项目实施过程中的一项关键任务，涉及对原定施工程序、内容、数量和质量标准等方面的调整。这种变更通常基于合同的约定，以应对施工过程中出现的各种预料之外的情况。

1. 工程变更的原因

工程变更可能由多种原因引起，主要包括：

（1）业主需求变更：例如，业主提出新的需求，包括但不限于调整项目计划、削减项目预算或提出新的功能要求。

（2）设计与理解误差：设计人员、监理方或承包商在初期可能未能充分理解业主的具体需求，或设计本身存在缺陷，导致需要对原始图纸进行修改。

（3）工程环境变动：原定的工程环境或条件与实际情况有出入，可能因此要求调整施工方案或计划。

（4）技术与知识更新：新技术的引入或专业知识的更新使得原设计或实施方案需要调整，以适应新的技术标准或工艺要求。

（5）政策与法规变化：政府或相关部门对工程提出新的要求，如环保规定、城市规划的调整等，这些都可能影响工程的实施。

（6）合同执行问题：在合同执行过程中遇到的问题可能需要对合同的某些条款进行修改，以确保项目能顺利进行。

2. 工程变更的范围

根据国际和国内的相关施工合同标准，工程变更的内容广泛，主要包括：

（1）工程数量的调整：改变合同中包括的任何工作的数量，这可能因为实际需求的增减或预算的调整。

（2）质量和性能的变化：对工作的质量或其性能进行调整，以适应新的工程要求或改进工程性能。

（3）位置和尺寸的修改：改变工程任何部分的标高、基线、位置和尺寸，这类变更常见于遇到不可预见的地质或其他现场条件。

（4）工作的删减或增加：删减或增加必要的工作，这些工作可能由其他承包商执行。

（5）附加工作的需求：因应工程需要，增加任何必要的附加工作、设备、材料或服务。

（6）施工顺序或时间的调整：为适应项目进度或其他外部条件，调整施工的顺序或预定的完成时间。

在实际操作中，工程变更的管理要求项目团队具备高效的协调和沟通能力，以确保所有变更都能及时准确地反映到工程实施中。同时，也需要有严格的变更审核流程，确保每次变更都是必要和合理的，以控制成本和保证工程质量。这不仅关系到工程的顺利进行，也直接影响到最终的工程质量和投资回报。

3. 工程变更的程序

工程变更在施工过程中占据极为重要的位置，往往是引发索赔和争议的主要原因。由于其对工程进度和成本的直接影响，处理工程变更的程序必须严谨、高效。在常见的工程施工承包合同中，工程变更一般按照如下程序进行：

（1）提出工程变更的申请

工程变更的需求可以由多方提出，包括承包商、业主方和设计方。每一方根据工程实际执行情况和遇到的问题，可能提出对工程设计、施工方法或材料等方面的变更需求。

① 承包商的提议：承包商可能因现场条件、材料供应问题或技术更新需求提出变更。

② 业主方的要求：业主可能基于功能需求调整、预算变动或其他战略考虑提出变更。

③设计方的调整：设计方在工程进展中可能发现设计上的不足或应对现场实际情况的需要，提出设计变更。

（2）审查与批准工程变更

对于提出的工程变更，必须经过严格的审查与批准流程，以确保变更的合理性和可行性。

①承包商提出的变更：这类变更需提交给工程师或项目管理团队审查，并得到批准。

②设计方提出的变更：设计变更通常需要业主的审查和同意，可能还需要与设计单位进行深入协商。

③业主方提出的变更：由业主方提出的重大变更，如涉及设计修改等，通常需要设计方的参与和工程师的发出批准。

在合同中，通常会明确指出工程师有权发出工程变更指令，但在实际操作中，工程师在发出变更通知前应征得业主的批准。

（3）发布与执行工程变更指令

为确保工程不因变更程序延误，工程师和承包商须尽快就变更内容、成本和进度补偿达成共识。

①变更指令的形式：工程变更指令通常以书面形式发布，确保所有细节清晰记录，避免后续争议。

②紧急情况的特殊处理：如遇紧急情况，承包商可根据合同规定，要求工程师对口头指令进行书面确认。

③无条件执行与后续索赔：承包人在接到工程变更指令后，应按合同约定执行，即便对工程变更的价款或其他条件有异议，也应先行执行后续通过合同程序解决。

通过这一严格的程序，可以有效地管理和执行工程变更，减少因变更导致的工期延误和成本增加，同时也减轻双方因工程变更引发的争议和纠纷。在整个工程施工过程中，高效的工程变更管理是保证项目顺利进行的关键。

4. 工程变更的责任分析与补偿要求

根据工程变更的具体情况，可以分析确定工程变更的责任和费用补偿：

（1）业主责任

由于业主要求、政府部门要求、环境变化、不可抗力、原设计错误等导致的设计修改，应该由业主承担责任。由此所造成的施工方案的变更以及工期的延长和费用的增加应该向业主索赔。

（2）承包人责任

由于承包人在施工过程、施工方案中出现错误、疏忽而导致设计的修改，应该由承包人承担责任。施工方案变更要经过工程师的批准，不论这种变更是否会给业主带来好处（如工期缩短、节约费用）。由于承包人的施工过程、施工方案本身的缺陷而导致施工方案的变更，由此所引起的费用增加和工期延长应该由承包人承担责任。

（3）施工方案变更

业主向承包人授标或签订合同前，可以要求承包人对施工方案进行补充、修改或做出说明，以便符合业主的要求。在授标或签订合同后，业主为了加快工期、提高质量等要求变更施工方案，由此所引起的费用增加可以向业主索赔。

若合同中已有同种价格，按合同中的该价格变更合同价款。若合同中只有类似价格，参照该类似价格变更合同价款。若合同中没有相同或类似价格，由承包人提出合理价格，经监理人确认后，变更合同价款；若双方不能就此达成一致，按合同有关争议条款处理。

第三节 建筑工程项目索赔管理

一、工程项目索赔的概念、原因及依据

（一）建筑工程项目索赔的概念

"索赔"一词逐渐为大众熟知。在合同执行阶段，如果一方因另一方未履行或履行不当合同约定的义务而遭受损失，便可向对方提出赔偿请求。特别是在建筑承包领域，索赔的涵盖面相对更广。通常情况下，除非是承包商自身的责任，否则由外部因素导致的工期推迟和成本上升都可能成为索赔的理由。具体包括以下两种主要情形：第一种，业主违约未能履行合同义务，例如，未按时提供设计图纸导致工程延误，或未及时支付工程款项，此

时承包商可以要求赔偿。第二种，业主未违约，但由于其他因素，如业主依合同权利指令更改工程内容，或工程环境中出现无法预见的变化，例如极端气候、地质条件与预测不符、国家法律修改、物价上涨、货币汇率变动等情况。这些因素引起的损失，承包商同样可以提出补偿要求。

虽然这两种情况在用词上存在细微差别，处理流程和方法却大致相同，从管理角度看，都可以归类为索赔范畴。

在具体的工程实践中，索赔是一个双向过程。业主对承包商的索赔虽然较少且易于处理，但也不可忽视。业主可以通过工程款的冲账、扣除、没收履约保证金或保留金等方式对承包商进行索赔。而承包商对业主的索赔则更为常见和复杂，通常被视为索赔管理的焦点和主要内容。

(二) 建筑工程项目索赔的要求

在建筑工程中，索赔要求通常有以下两种。

1. 合同工期的延长

建筑工程的承包合同通常规定了工程的开始期和预定完成时间，同时包含对工程延误的处罚条款。若工程延期是因为承包商的管理失误，承包商需负全责并接受合同中规定的相应处罚。但如果延期是由于不可抗力或外部环境变化等非承包商可控因素引起，承包商有权向业主提出工期延长的索赔。一旦业主接受索赔，承包商便可在此范围内免受合同罚款。

2. 费用补偿

在项目执行过程中，可能会出现由于第三方因素或不可预见事件导致的成本增加，这种增加超出了承包商的原始预算和责任范围。在这种情况下，承包商可以依据合同中的条款向业主提出额外费用的索赔，以补偿由此产生的经济损失。如果业主承认这部分额外费用的合理性，并同意支付，这不仅能帮助承包商弥补因成本增加而产生的直接经济损失，还可能通过增加合同金额，间接提升项目的整体财务收益。

(三) 建筑工程项目索赔的起因

建筑行业因其特殊性，相较于其他领域，更频繁地面临着索赔的情况。这主要受到以下几个方面的影响：

（1）现代建筑工程的特征包括工程规模庞大、投资额高昂、结构复杂度高、技术及质量要求严格以及工期较长。这些工程在实施过程中常面临多种不确定性因素，如地质条件、建筑及建材市场的变动、货币贬值、城市建设与环保要求更新以及自然环境的变化等，这些都可能对工程的设计与进度产生显著影响，进而牵动工期与成本。

（2）建筑工程的承包合同通常在工程启动前签署，这些合同基于对未来情形的预测而设。鉴于工程的复杂性和环境的多变，合同难以全面预见和涵盖所有潜在问题。随着工程条件的复杂化，合同中不可避免地存在一些表述不清、含糊或有缺陷的条款，以及技术设计上的错误。这些问题往往导致在合同执行过程中双方就责任、义务和权利发生争议，这些争议通常与工期、成本和价格紧密相关。

（3）业主的要求变更也是导致索赔的常见原因，例如，建筑的功能、形式、质量标准、施工方式及过程的改变，或是工程量和质量的调整。此外，业主的管理疏忽或未能正确履行合同责任亦会引发问题。合同的工期和价格往往基于业主的初步需求而定，而这些需求又假定业主在不干预承包商执行过程的前提下，能够圆满履行其合同责任。

（4）在工程项目中，参与单位众多，各方面技术和经济关系错综复杂，相互交织、相互影响。各方面技术和经济责任的界定非常棘手，不容易明晰。在实际工作中，管理上的失误是难以避免的。一旦出现失误，不仅会导致自身损失，还会牵连其他合作方，对整个工程实施产生负面影响。因此，从总体来看，应当依照合同原则平等对待各方利益，坚持"谁失误，谁负责"的原则。索赔作为受损失者的合法权利，应当得到保障。

（5）合同双方对合同理解的差异往往导致工程实施中行为的不协调，从而造成管理失误。由于合同文件数量众多、内容复杂，分析起来十分困难，再加上双方立场和角度的不同，容易导致在合同权利和义务的范围、界限划定上存在理解上的不一致，从而引发合同纠纷。

（6）合同确定的工期和价格是基于投标时的合同条件、工程环境和实施方案，即"合同状态"。然而，由于内外部干扰因素的影响，如上述因素导致某些合同状态的改变，打破了原有的"合同状态"，导致工期延长和额外费用增加。如果这些增加的费用没有包括在原始合同中，或者承包商无法通过合同价格获得补偿，就会产生索赔请求。

这些因素在任何工程承包合同的执行过程中都是无法避免的。因此，无论采用何种类型的合同，还是合同多么完善，索赔问题都是不可避免的。为了实现工程的经济效益，承包商必须认真研究和处理索赔问题，以确保自身权益不受损害。

二、建筑工程项目索赔的程序

在建筑工程领域，项目索赔是一项常见而复杂的流程。索赔程序通常分为五个阶段，每个阶段都有其严格的规范和步骤。以下是对这一过程的详细介绍：

(一) 第一阶段：承包商提出索赔申请

在建筑工程项目的实施过程中，如遇不可归责于承包商的因素导致项目延期或成本上升，承包商应在事件发生后 28 天内，向监理工程师提交正式的索赔通知函。在此函件中，承包商需要明确声明其索赔请求，并依据监理工程师的指令继续施工。若超出规定时间提出索赔，监理工程师有权拒绝此索赔。一旦索赔申请正式提出，承包商则需迅速准备相关的索赔证据，这包括事故原因、影响权益的证据、索赔依据及所需额外工期和索赔金额的计算依据，并应在索赔申请提交后的 28 天内完成这一步骤。

(二) 第二阶段：监理工程师审核索赔申请

监理工程师在收到承包商的索赔申请后，应立即开始审查相关资料。在尚未确定责任归属前，监理应依据自身的记录资料进行事故原因的客观分析，复核合同条款，并审查承包商提交的所有索赔证据。如有需要，监理工程师还可要求承包商提交进一步的补充资料，以便更详细地说明索赔请求或提供更精确的索赔金额计算依据。

(三) 第三阶段：双方协商

在索赔材料和责任分析完成后，监理工程师和承包商将就事件处理方案进行协商。如果双方能够通过友好协商达成一致意见，事件便可较为顺利地得到解决。然而，如果关于责任、索赔金额或延期天数存在较大分歧，且协商未能达成一致，则监理工程师根据合同规定，有权决定一个他认为合理的价格或单价，作为处理该事件的最终意见，并向业主报告，同时通知承包商。

（四）第四阶段：业主审批

业主在接到监理工程师关于索赔处理的报告后，会基于事件的原因、责任范围、合同条款进行综合评审。此外，业主还会考虑项目的整体目标、投资控制、竣工验收的要求以及承包商在合同执行过程中的表现，进而决定是否批准监理工程师的索赔报告。在此阶段，业主也可能提出反索赔，以应对承包商的某些违约行为。

（五）第五阶段：承包商对最终决定的接受与否

在业主批准监理工程师的处理意见后，承包商需要决定是否接受最终的索赔决定。若承包商接受，索赔事件便宣告结束。如果承包商不接受监理工程师的决定或业主对索赔额或工期延长做出调整，可能引起合同纠纷。这种情况下，通过双方进一步的谈判和协调，寻找互让的解决方案是处理这类纠纷的理想方式。若双方仍不能达成一致，则最终可能需要通过仲裁方式解决。

三、建筑工程项目索赔报告的编写

（一）索赔报告的基本要求

1. 索赔事件应真实

索赔报告必须建立在真实事件的基础上。确保事件的真实性是索赔成功与否的关键，直接关联到承包商的信誉及其后续的业务展开。索赔报告中提及的所有干扰事件都需要有充分、确凿的证据支持，并将这些证据详细附录在报告之中。在描述这些事件时，语言应当简明扼要，避免使用任何不确定或模糊的表达，如"可能""大概""或许"等，以增强报告的说服力。

2. 责任分析应清楚、准确

在索赔报告中，通常涉及的问题多由对方责任引起。报告中需要明确指出责任方，避免使用任何可能引起误解的模糊措辞或自我批评的言辞，确保在整个索赔过程中保持有利的立场。准确的责任归属将直接影响到索赔的结果，是撰写索赔报告时不容忽视的一环。

整个索赔报告应当具备完整性和逻辑性，使得阅读者能够通过报告内容清楚地理解事件的来龙去脉，以及承包商的立场和请求。此外，报告的格式和语言也应符合专业标准，保持客观和正式，以提高报告的可信度和专业性。通过这些严格的要求，索赔报告将成为承包商在面对项目执行中的问题时，一个有力的法律支持工具。

3. 在索赔报告中的强调事项

（1）索赔报告中必须强调干扰事件的不可预见性和突发性。这类事件通常是指即使对经验丰富的承包商来说也难以预料和准备的情况。对于这类事件，承包商无法阻止其发生，也无法控制其影响。这一点的明确表述有助于证明承包商在事件发生时的无奈和被动。

（2）报告中应详细记载承包商在干扰事件发生后的应对措施。这包括承包商如何及时通知工程师，以及他们是如何遵循工程师的指示处理事件，或者承包商为减轻事件的负面影响所作出的努力及采取的具体措施。这些措施的具体效果也应在报告中详述，以显示承包商的积极性和责任心。

（3）索赔报告应清楚表明因干扰事件导致的工程延误和成本增加。应该明确指出干扰事件与承包商遭受的损失之间的直接因果关系。这种逻辑关系的清晰展现对于索赔的成功至关重要，因为业主在反驳索赔时往往会试图削弱这一因果链。

（4）承包商的索赔要求应当有合同条款的明确支持。在索赔报告中，应直接引用与索赔相关的合同条款，并确保这些条款的应用是准确无误的。这样做不仅为索赔提供了充分的法律依据，也有助于使工程师、业主以及仲裁人员在情感上更容易接受索赔要求。

4. 用词要婉转

作为承包商，在表述索赔要求时应避免使用过于强硬或不友好的措辞。适当的表达不仅能保持专业度，也有助于维护与业主和其他合作方的良好关系。

（二）索赔报告的编制

1. 工期索赔

在现代工程项目的施工过程中，诸多不可预料的外部干扰往往会导致施工进度受阻，从而使得原定的施工计划遭受影响，进而导致工期的延误。工期的延长无疑会给项目的各方参与者带来不小的经济压力。例如，项目业主可能会因为工程不能按时完成而无法如期投入生产或营业，这样不仅无法实现预定的投资回报，还可能损失潜在的盈利机会，并且还需额外承担管理运营的成本。同时，对于承包商而言，工期的延长意味着必须增加现场工人的工资支出、设备闲置费用、现场管理费以及其他可能的附加费用。在某些情况下，承包商还可能需要支付因延期造成的违约金。

2. 费用索赔

（1）费用索赔的处理原则

在处理费用索赔时，赔偿金额的确定应遵循两个基本原则：首先，所有的赔偿金额必须是承包商为了履行合同所必须支出的直接费用；其次，通过这些赔偿，承包商应当能够恢复到事件发生前的财务状态。这意味着承包商既不应因此遭受损失，也不应由此获得额外的利益。因此，索赔金额的核算是基于实际损失，而非包括任何预期利润。

（2）费用索赔的计算方法

① 总费用法：总费用法主要是将一个固定总价合同转换为成本加酬金的形式。这种方法以承包商因索赔事件而产生的额外成本为基础，加上管理费和预期利润等附加费用，共同构成索赔的总额。

② 分项法：分项法则更加细化，它按照每一种或每一类干扰事件及其影响的各个费用项目来单独计算索赔金额。这种方法有助于精确地界定每项额外支出的赔偿范围和金额，使得赔偿更加公正合理。

3. 工程变更索赔

在建筑项目管理中，工程变更索赔是一项重要的内容，涉及多种形式的工程变更及其相关的费用问题。这些工程变更不仅仅是变更本身，还包括因变更而引发的一系列连锁反应，如工期延误、停工、窝工、返工及效率损失等。

（1）工程量变更

工程量变更是工程变更中最常见的类型，这通常包括工程量的增加或减少，以及工程分项的删除。这类变更可能由于设计的修改、工程师或业主的新需求，或因业主提供的工作量表不精确等原因引起。

（2）附加工程

附加工程是指在合同的工程量表中原本不存在的工程分项的增加。这种情况通常发生在设计忽略、设计修改或工程量表中遗漏某些项目的情况下。

（三）索赔报告的内容

从报告的必要内容与文字结构方面而言，一个完整的索赔报告应包括以下四个部分。

1. 总论部分

索赔报告的总论部分是报告的开篇，它承担着引导读者进入主题的责任。这一部分主要包括以下内容：

（1）序言：简述编写索赔报告的目的和背景。

（2）索赔事件概述：明确地记录索赔事件的发生时间、地点及基本过程。

（3）具体索赔要求：详细列出施工单位的索赔内容，包括经济补偿和工期调整等。

（4）编写及审核团队：列出报告编写和审核的主要人员及其职务、职称和相关经验，以体现报告的权威性。

2. 根据部分

根据部分是索赔报告中的核心，它直接关系到索赔的成立与否。这一部分主要包括以下内容：

（1）索赔事件的详细情况：描述索赔事件的具体发生过程，包括起因、经过及结果。

（2）索赔意向书提交情况：记录已提交的索赔意向书的详情，以证明索赔请求的正式性。

（3）索赔处理过程：叙述索赔事件的处理经过，包括双方的沟通与协商记录。

（4）合同依据：引用合同中的具体条款，明确索赔的法律和合同基础。

（5）证据资料附件：提供相关的文件、通信记录和其他证据，以支持索赔要求。

3. 计算部分

计算部分的主要任务是量化索赔的具体金额和需要延长的工期。这一部分主要包括以下内容：

（1）总额计算：首先明确索赔的总金额，这包括所有由索赔事件直接和间接引起的额外开支。

（2）详细开支计算：对各个具体开支项进行详细计算，包括但不限于额外的人工费、材料费、管理费及因工期延误而造成的损失利润。

（3）计算依据与证明：为每项费用提供清晰的计算依据和证明材料，这不仅包括选择合适的计价方法，还包括对每项费用的合理性进行说明，并列出支持这些计算的证据名称和编号。

在选择计价方法时，应考虑到索赔事件的具体情况和可用的证据，避免使用过于笼统或不切实际的计价手段。

4. 证据部分

证据部分是支撑索赔报告的基础，包括所有相关的证据材料及其详细说明。

（1）证据材料概览：列出所有与索赔相关的证据，包括书面文件、合同条款、通信记录等。

（2）证据的效力：在使用各类证据时，需要考虑其法律效力和可信度。对于关键证据，应尽可能附上文字证明或双方确认的文件。

（3）通过这种详尽的计算和严密的证据展示，索赔报告能够有效地支持施工单位的索赔请求，使其在法律和合同的框架内得到合理的解决。这不仅有助于保障施工单位的权益，也维护了工程项目的整体利益和执行的公正性。

第二章　建筑工程项目成本管理

第一节　建筑工程项目成本管理概述

一、项目成本的概念、构成及形式

(一) 建筑工程项目成本的构成

1. 直接成本

直接成本是指施工过程中耗费的构成工程实体或有助于工程实体形成的各项费用支出，是可以直接计入工程对象的费用，包括人工费、材料费、施工机械使用费和施工措施费等。

2. 间接成本

间接成本是指为施工准备、组织和管理施工生产的全部费用的支出，是非直接用于也无法直接计入工程对象，但为进行工程施工所必需发生的费用，包括管理人员工资、办公费、差旅交通费等。

对于企业所发生的企业管理费用、财务费用和其他费用，则按规定计入当期损益，亦即计为期间成本，不得计入施工项目成本。

企业下列支出不仅不能列入施工项目成本，也不能列入企业成本，如购置和建造固定资产、无形资产和其他资产的支出；对外投资的支出；被没收的财物；支付的滞纳金、罚款、违约金、赔偿金、企业赞助和捐赠支出等。

(二) 建筑安装工程费用项目组成

目前我国的建筑安装工程费由直接费、间接费、利润和税金组成。

(三) 建筑工程项目成本的主要形式

依据成本管理的需要，施工项目成本的形式要求从不同的角度来考察。

1.事前成本和事后成本

（1）事前成本

① 预算成本

工程预算成本反映各地区建筑业的平均成本水平。它是根据施工图，以全国统一的工程量计算规则计算出来的工程量，按《全国统一建筑工程基础定额》《全国统一安装工程预算定额》和由各地区的人工日工资单价、材料价格、机械台班单价，并按有关费用的取费费率进行计算，包括直接费用和间接费用。预算成本又称施工图预算成本，它是确定工程成本的基础，也是编制计划成本、评价实际成本的依据。

② 计划成本

施工项目计划成本是指施工项目经理部根据计划期的有关资料（如工程的具体条件和施工企业为实施该项目的各项技术组织措施），在实际成本发生前预先计算的成本；也就是说，它是根据反映本企业生产水平的企业定额计划得到的成本计算数额，反映了企业在计划期内应达到的成本水平，它是成本管理的目标，也是控制项目成本的标准。成本计划对于加强施工企业和项目经理部的经济核算，建立和健全施工项目成本管理责任制，控制施工过程中的生产费用，以及降低施工项目成本，具有十分重要的作用。

（2）事后成本

事后成本即实际成本，是施工项目在报告期内实际发生的各项生产费用支出的总和。将实际成本与计划成本比较，可提示成本的节约和超支，考核企业施工技术水平及技术组织措施的贯彻执行情况和企业的经营效果。实际成本与预算成本比较，可以反映工程盈亏情况。因此，计划成本和实际成本都反映了施工企业的成本水平，它与建筑施工企业本身的生产技术水平、施工条件及生产管理水平相对应。

2.直接成本和间接成本

按生产费用计入成本的方法可将工程成本划分为直接成本和间接成本两种形式。按前所述，直接耗用于工程对象的费用构成直接成本；为进行工程施工但非直接耗用于工程对象的费用构成间接成本。成本如此分类，能正确反映工程成本的构成，考核各项生产费用的使用是否合理，便于找出降低成本的途径。

3. 固定成本和可变成本

（1）固定成本

固定成本指在一定期间和一定的工程量范围内，其发生的成本额不受工程量增减变动的影响而相对固定的成本。如折旧费、大修理费、管理人员工资、办公费、照明费等。这一成本是为了保持一定的生产管理条件而发生的，项目的固定成本每月基本相同，但是，当工程量超过一定范围需要增添机械设备或管理人员时，固定成本将会发生变动。此外，所谓固定，指其总额而言，分配到单位工程量上的固定费用则是变动的。

（2）可变成本

可变成本指发生总额随着工程量的增减变动而成比例变动的费用，如直接用于工程的材料费、实行计件工资制的人工费等。所谓可变，指其总额而言，分配到单位工程量上的可变费用则是不变的。

将施工过程中发生的全部费用划分为固定成本和可变成本，对于成本管理和成本决策具有重要作用。由于固定成本是维持生产能力必需的费用，要降低单位工程量的固定费用，就需从提高劳动生产率，增加总工程量数额并降低固定成本的绝对值入手，降低变动成本就需从降低单位分项工程的消耗入手。

二、建筑工程项目成本管理概念

施工成本管理就是指在保证工期和质量满足要求的情况下，采取相应管理措施，包括组织措施、经济措施、技术措施、合同措施，把成本控制在计划范围内，进而最大限度地成本节约。

项目成本管理的重要性主要体现在以下几个方面：① 项目成本管理是项目实现经济效益的内在基础。② 项目成本管理是动态反映项目一切活动的最终水准。③ 项目成本管理是确立项目经济责任机制，实现有效控制和监督的手段。

三、项目成本管理的内容

(一) 成本预测

项目成本预测是通过成本信息和工程项目的具体情况，并运用一定的专门方法，对未来的成本水平及其可能的发展趋势做出科学的估计，其实质就是在施工以前对成本进行核算。项目成本预测是项目成本决策与计划的依据。

(二) 成本计划

项目成本计划是项目经理部对项目施工成本进行计划管理的工具。它是以货币形式编制工程项目在计划期内的生产费用、成本水平、成本降低率以及为降低成本所采取的主要措施和规划的书面方案，它是建立项目成本管理责任制、开展成本控制和核算的基础。一般来说，一个项目成本计划应包括从开工到竣工所必需的施工成本，它是降低项目成本的指导文件，是设立目标成本的依据。

(三) 成本控制

项目成本控制是指在施工过程中，对影响项目成本的各种因素加强管理，并采取各种有效措施，将施工中实际发生的各种消耗和支出严格控制在成本计划范围内，随时揭示并及时反馈，严格审查各项费用是否符合标准，计算实际成本和计划成本之间的差异并进行分析，消除施工中的损失浪费现象，发现和总结先进经验。通过成本控制，使之最终实现甚至超过预期的成本节约目标。项目成本控制应贯穿在工程项目从招投标阶段开始直到项目竣工验收的全过程，它是企业全面成本管理的重要环节。

(四) 成本核算

项目成本核算是指项目施工过程中所发生的各种费用和各种形式项目成本的核算。一是按照规定的成本开支范围对施工费用进行归集，计算出施工费用的实际发生额；二是根据成本核算对象，采用适当的方法，计算出该工程项目的总成本和单位成本。项目成本核算所提供的各种成本信息，是成本预测、成本计划、成本控制、成本分析和成本考核等各个环节的依据。因此，加强项目成本核算工作，对降低项目成本、提高企业的经济效益有积极的作用。

(五) 成本分析

项目成本分析是在成本形成过程中，对项目成本进行的对比评价和剖析总结工作，它贯穿项目成本管理的全过程，也就是说项目成本分析主要利用工程项目的成本核算资料（成本信息），与目标成本（计划成本）、预算成本以及类似的工程项目的实际成本等进行比较，了解成本的变动情况，同时分析主要技术经济指标对成本的影响，系统地研究成本变动的因素，检查成本计划的合理性，并通过成本分析，深入揭示成本变动的规律，寻找降低项目成本的途径，以便有效地进行成本控制。

（六）成本考核

成本考核是指在项目完成后，对项目成本形成中的各责任者，按项目成本目标责任制的有关规定，将成本的实际指标与计划、定额、预算进行对比和考核，评定项目成本计划的完成情况和各责任者的业绩，并以此给予相应的奖励和处罚；通过成本考核，做到有奖有惩、赏罚分明，才能有效地调动企业每一个职工在各自的施工岗位上努力完成目标成本的积极性，为降低项目成本和增加企业的积累做出自己的贡献。

综上所述，项目成本管理中每一个环节都是相互联系和相互作用的。成本预测是成本决策的前提，成本计划是成本决策所确定目标的具体化。成本控制则是对成本计划的实施进行监督，保证决策的成本目标实现，而成本核算又是成本计划是否实现的最后检验，它所提供的成本信息又对下一个项目成本预测和决策提供基础资料。成本考核是实现成本目标责任制的保证和实现决策目标的重要手段。

四、建筑工程项目成本管理的措施

（一）组织措施

组织措施是从施工成本管理的组织方面采取的措施。施工成本控制是全员活动，如实行项目经理责任制，落实施工成本管理的组织机构和人员，明确各级施工成本管理人员的任务和职能分工、权利和责任。施工成本管理不仅是专业成本管理人员的工作，各级项目管理人员也负有成本控制责任。

组织措施的另一方面是编制施工成本控制工作计划，确定合理详细的工作流程。要做好施工采购规划，通过生产要素的优化配置、合理使用、动态管理，有效控制实际成本；加强施工定额管理和施工任务单管理，控制活劳动和物化劳动的消耗；加强施工调度，避免因施工计划不周和盲目调度造成窝工损失、机械利用率降低、物料积压等而使施工成本增加。成本控制工作只有建立在科学管理的基础之上，具备合理的管理体制、完善的规章制度、稳定的作业秩序、完整准确的信息传递，才能取得成效。组织措施是其他各类措施的前提和保障，而且一般不需要增加什么费用，运用得当可以收到良好的效果。

(二) 技术措施

施工过程中降低成本的技术措施，包括：进行技术经济分析，确定最佳的施工方案；结合施工方法，进行材料使用的比选，在满足功能要求的前提下，通过代用、改变配合比、使用添加剂等方法降低材料消耗的费用；确定最合适的施工机械、设备使用方案，结合项目的施工组织设计及自然地理条件，降低材料的库存成本和运输成本；先进的施工技术的应用，新材料的运用，新开发机械设备的使用等。在实践中，也要避免仅从技术角度选定方案而忽视对其经济效果的分析论证。

技术措施不仅对解决施工成本管理过程中的技术问题是不可缺少的，而且对纠正施工成本管理目标偏差也有相当重要的作用。因此，运用技术纠偏措施的关键，一是要能提出多个不同的技术方案，二是要对不同的技术方案进行技术经济分析。

(三) 经济措施

经济措施是最易为人们所接受和采用的措施。管理人员应编制资金使用计划，确定、分解施工成本管理目标。对施工成本管理目标进行风险分析，并制定防范性对策。对各种支出，应认真做好资金的使用计划，并在施工中严格控制各项开支。及时准确地记录、收集、整理、核算实际发生的成本。对各种变更，及时做好增减账，及时落实业主签证，及时结算工程款。通过偏差分析和未完工程预测，可发现一些潜在的问题将引起未完工程施工成本增加，对这些问题应以主动控制为出发点，及时采取预防措施。由此可见，经济措施的运用绝不仅仅是财务人员的事情。

(四) 合同措施

采用合同措施控制施工成本，应贯穿整个合同周期，包括从合同谈判开始到合同终结的全过程。首先是选用合适的合同结构，对各种合同结构模式进行分析、比较，在合同谈判时，要争取选用适合于工程规模、性质和特点的合同结构模式。其次，在合同的条款中应仔细考虑一切影响成本和效益的因素，特别是潜在的风险因素。通过对引起成本变动的风险因素的识别和分析，采取必要的风险对策，如通过合理的方式，增加承担风险的个体数量，降低损失发生的比例，并最终使这些策略反映在合同的具体条款中。在合同执行期间，合同管理的措施既要密切注视对方合同执行的情况，以寻求合同索赔的机会；同时要密切关注自己履行合同的情况，以防止被对方索赔。

五、项目成本管理的原则

项目成本管理需要遵循以下六项原则:① 领导者推动原则。② 以人为本，全员参与原则。③ 目标分解，责任明确原则。④ 管理层次与管理内容的一致性原则。⑤ 动态性、及时性、准确性原则。⑥ 过程控制与系统控制原则。

六、项目成本管理影响因素和责任体系

(一) 项目成本管理影响因素

影响项目成本管理的主要因素有以下几个方面：投标报价、合同价、施工方案、施工质量、施工进度、施工安全、施工现场平面管理、工程变更、索赔费用等。

(二) 项目成本管理责任体系

1. 组织管理层

组织管理层主要是设计和建立项目成本管理体系、组织体系的运行，行使管理和监督职能。它的成本管理除生产成本，还包括经营管理费用。负责项目全面管理的决策，确定项目的合同价格和成本计划，确定项目管理层的成本目标。

2. 项目经理部

项目经理部的成本管理职能，是组织项目部人员执行组织确定的项目成本管理目标，发挥现场生产成本控制中心的管理职能。负责项目生产成本的管理，实施成本控制，实现项目管理目标责任书的成本目标。

第二节　建筑工程成本的预测与计划

一、项目成本预测的概念

成本预测就是依据成本的历史资料和有关信息，在认真分析当前各种技术经济条件、外界环境变化及可能采取的管理措施的基础上，对未来的成本与费用及其发展趋势所做的定量描述和逻辑推断。

项目成本预测是通过成本信息和工程项目的具体情况，对未来的成本水平及其发展趋势做出科学的估计，其实质就是工程项目在施工以前对成本进行核算。通过成本预测，使项目经理部在满足业主和企业要求的前提下，确定工程项目降低成本的目标，克服盲目性，提高预见性，为工程项目降低成本提供决策与计划的依据。

二、项目成本预测的意义

(一) 成本预测是投标决策的依据

建筑施工企业在选择投标项目过程中，往往需要根据项目是否盈利、利润大小等诸因素确定是否对工程进行投标。

(二) 成本预测是编制成本计划的基础

计划是管理的第一步。正确可靠的成本计划，必须遵循客观经济规律，从实际出发，对成本做出科学的预测。这样才能保证成本计划不脱离实际，切实起到控制成本的作用。

(三) 成本预测是成本管理的重要环节

推算其成本水平变化的趋势及其规律性，预测实际成本。它是预测和分析相结合，是事后反馈与事前控制相结合。通过成本预测，发现问题，找出薄弱环节，有效控制成本。

三、项目成本预测程序

(一) 制订预测计划

制订预测计划是预测工作顺利进行的保证。预测计划的内容主要包括组织领导及工作布置、配合的部门、时间进度、搜集材料范围等。

(二) 搜集整理预测资料

根据预测计划，搜集预测资料是进行预测的重要条件。预测资料一般有纵向和横向两个方面的数据。纵向资料是企业成本费用的历史数据，据此分析其发展趋势；横向资料是指同类工程项目、同类施工企业的成本资料，据此分析所预测项目与同类项目的差异，并做出估计。

(三) 选择预测方法

成本的预测方法可以分为定性预测法和定量预测法。

定性预测法是根据经验和专业知识进行判断的一种预测方法。常用的定性预测法有管理人员判断法、专业人员意见法、专家意见法及市场调查法等。

定量预测法是利用历史成本费用资料以及成本与影响因素之间的数量关系，通过一定的数学模型来推测、计算未来成本的可能结果。

(四) 成本初步预测

根据定性预测的方法及一些横向成本资料的定量预测，对成本进行初步估计。这一步的结果往往比较粗糙，需要结合现在的成本水平进行修正，才能保证预测结果的质量。

（五）影响成本水平的因素预测

影响成本水平的因素主要有物价变化、劳动生产率、物料消耗指标、项目管理费开支、企业管理层次等。可根据近期内工程实施情况、本企业及分包企业情况、市场行情等，推测未来哪些因素会对成本费用水平产生影响，其结果如何。

（六）成本预测

根据初步的成本预测以及对成本水平变化因素预测结果，确定成本情况。

（七）分析预测

误差成本预测往往与实施过程中及其后的实际成本有出入，而产生预测误差。预测误差大小，反映预测准确程度的高低。如果误差较大，应分析产生误差的原因，并积累经验。

四、项目成本预测方法

（一）定性预测方法

成本的定性预测指成本管理人员根据专业知识和实践经验，通过调查研究，利用已有资料，对成本的发展趋势及可能达到的水平所做的分析和推断。由于定性预测主要依靠管理人员的素质和判断能力，因而这种方法必须建立在对项目成本耗费的历史资料、现状及影响因素深刻了解的基础之上。

定性预测偏重于对市场行情的发展方向和施工中各种影响项目成本因素的分析，发挥专家经验和主观能动性，比较灵活，可以较快地提出预测结果，但进行定性预测时，也要尽可能搜集数据，运用数学方法，其结果通常也是从数量上测算。这种方法简便易行，在资料不多、难以进行定量预测时最为适用。

在项目成本预测的过程中，经常采用的定性预测方法主要有经验评判法、专家会议法、德尔菲法和主观概率法等。

(二) 定量预测方法

定量预测方法也称统计预测方法，是根据已掌握得比较完备的历史统计数据，运用一定数学方法进行科学的加工整理，借以揭示有关变量之间的规律性联系，从而推判未来发展变化情况。

定量预测偏重于数量方面的分析，重视预测对象的变化程度，能将变化程度在数量上准确地描述；它需要积累和掌握历史统计数据、客观实际资料，作为预测的依据，运用数学方法进行处理分析，受主观因素影响较小。

定量预测的主要方法有：算术平均法、回归分析法、高低点法、量本利分析法和因素分析法。

五、回归分析法和高低点法

(一) 回归分析法

在具体的预测过程中经常会涉及几个变量或几种经济现象，并且需要探索它们之间的相互关系。例如，成本与价格及劳动生产率等都存在数量上的一定相互关系。对客观存在的现象之间的相互依存关系进行分析研究，测定两个或两个以上变量之间的关系，寻求其发展变化的规律性，从而进行推算和预测，称为回归分析。在进行回归分析时，不论变量的个数多少，必须选择其中的一个变量为因变量，而把其他变量作为自变量，然后根据已知的历史统计数据资料，研究测定因变量和自变量之间的关系。利用回归分析法进行预测，称为回归预测。

在回归分析预测中，所选定的因变量是指需要求得预测值的那个变量，即预测对象。自变量则是影响预测对象变化的，与因变量有密切关系的那个或那些变量。

回归分析有一元线性回归分析、多元线性回归分析和非线性回归分析等。这里仅介绍一元线性回归分析在成本预测中的应用。

1. 一元线性回归分析预测的基本原理

一元线性回归分析预测法是根据历史数据在直角坐标系上描绘出相应点，再在各点间作一直线，使直线到各点的距离最小，即偏差平方和为最小，因而，这条直线就最能代表实际数据变化的趋势（或称倾向线），用这条直线适当延长来进行预测是合适的。

2. 一元线性回归分析预测的步骤

先根据 X、Y 两个变量的历史统计数据，把 X 与 Y 作为已知数，寻求合理的 a、b 回归系数，然后，依据 a、b 回归系数来确定回归方程。这是运用回归分析法的基础。

利用已求出的回归方程中 a、b 回归系数的经验值，把 a、b 作为已知数，根据具体条件，测算 y 值随着 x 值的变化而呈现的未来演变。这是运用回归分析法的目的。

（二）高低点法

高低点法是成本预测的一种常用方法，它是根据统计资料中完成业务量（产量或产值）最高和最低两个时期的成本数据，通过计算总成本中的固定成本、变动成本和变动成本率来预测成本的。

六、项目成本计划的概念和重要性

成本计划，是在多种成本预测的基础上，经过分析、比较、论证、判断之后，以货币形式预先规定计划期内项目施工的耗费和成本所要达到的水平，并且确定各个成本项目比预计要达到的降低额和降低率，提出保证成本计划实施所需要的主要措施方案。

项目成本计划是项目成本管理的一个重要环节，是实现降低项目成本任务的指导性文件，也是项目成本预测的继续。

项目成本计划的过程是动员项目经理部全体职工，挖掘降低成本潜力的过程；也是检验施工技术质量管理、工期管理、物资消耗和劳动力消耗管理等效果的全过程。

项目成本计划的重要性具体表现为以下几个方面：① 是对生产耗费进行控制、分析和考核的重要依据。② 是编制核算单位其他有关生产经营计划的基础。③ 是国家编制国民经济计划的一项重要依据。④ 可以动员全体职工深入开展增产节约、降低产品成本的活动。⑤ 是建立企业成本管理责任制、开展经济核算和控制生产费用的基础。

七、成本计划与目标成本

所谓目标成本，即项目（或企业）对未来产品成本所规定的奋斗目标。它比已经达到的实际成本要低，但又是经过努力可以达到的。目标成本管理是现代化企业经营管理的重要组成部分，它是市场竞争的需要，是企业挖掘内部潜力、不断降低产品成本、提高企业整体工作质量的需要，是衡量企业实际成本节约或开支，考核企业在一定时期内成本管理水平高低的依据。

施工项目的成本管理实质就是一种目标管理。项目管理的最终目标是低成本、高质量、短工期，而低成本是这三大目标的核心和基础。目标成本有很多形式，在制定目标成本作为编制施工项目成本计划和预算的依据时，可能以计划成本、定额成本或标准成本作为目标成本，还将随成本计划编制方法的变化而变化。

八、项目成本目标的分解

通过计划目标成本的分解，使项目经理部的所有成员和各个单位、部门明确自己的成本责任，并按照分工去开展工作。通过计划目标成本的分解，将各分部分项工程成本控制目标和要求，各成本要素的控制目标和要求，落实到成本控制的责任者。

项目经理部进行目标成本分解，方法有两个：一是按工程成本项目分解。二是按项目组成分解，大中型工程项目通常是工程由若干单项工程构成的，而每个单项工程包括多个单位工程，每个单位工程又是由若干个分部分项工程所构成。因此，首先要把项目总施工成本分解到单项工程和单位工程，再进一步分解到分部工程和分项工程中。

在完成施工项目成本分解之后，接下来就要具体地分析成本，编制分项工程的成本支出计划，从而得到详细的成本计划表。

九、成本计划的编制依据

编制成本计划的过程是动员全体施工项目管理人员的过程，是挖掘降低成本潜力的过程，是检验施工技术质量管理、工期管理、物资消耗和劳动力消耗管理等是否落实的过程。

项目成本计划编制依据有：① 承包合同。合同文件除包括合同文本外，还包括招标文件、投标文件、设计文件等，合同中的工程内容、数量、规格、质量、工期和支付条款都将对工程的成本计划产生重要的影响，因此，承包方在签订合同前应进行认真的研究与分析，在正确履约的前提下降低工程成本。② 项目管理实施规划。其中以工程项目施工组织设计文件为核心的项目实施技术方案与管理方案，是在充分调查和研究现场条件及有关法规条件的基础上制定的，不同实施条件下的技术方案和管理方案，将导致工程成本的不同。③ 可行性研究报告和相关设计文件。④ 已签订的分包合同（或估价书）。⑤ 生产要素价格信息。包括人工、材料、机械台班的市场价；企业颁布的材料指导价、企业内部机械台班价格、劳动力内部挂牌价格；周转设备内部租赁价格、摊销损耗标准；结构件外加工计划和合同等。⑥ 反映企业管理水平的消耗定额（企业施工定额），以及类似工程的成本资料。

十、项目成本计划的原则和程序

(一) 项目成本计划的原则

① 合法性原则。② 先进可行性原则。③ 弹性原则。④ 可比性原则。⑤ 统一领导分级管理的原则。⑥ 从实际出发的原则。⑦ 与其他计划结合的原则。

(二) 项目成本计划编制的程序

编制成本计划的程序，因项目的规模大小、管理要求不同而不同。大中型项目一般采用分级编制的方式，即先由各部门提出部门成本计划，再由项目经理部汇总编制全项目工程的成本计划；小型项目一般采用集中编制方式，即由项目经理部先编制各部门成本计划，再汇总编制全项目的成本计划。

十一、项目成本计划的内容

(一) 项目成本计划的组成

1. 直接成本计划

直接成本计划主要反映工程成本的预算价值、计划降低额和计划降低率。直接成本计划的具体内容如下：① 编制说明。指对工程的范围、投标竞争过程及合同条件、承包人对项目经理提出的责任成本目标、项目成本计划编制的指导思想和依据等的具体说明。② 项目成本计划的指标。项目成本计划的指标应经过科学的分析预测确定，可以采用对比法、因素分析法等进行测定。③ 按工程量清单列出的单位工程计划成本汇总表。④ 按成本性质划分的单位工程成本汇总表，根据清单项目的造价分析，分别对人工费、材料费、机械费、措施费、企业管理费和税费进行汇总，形成单位工程成本计划表。⑤ 项目计划成本应在项目实施方案确定和不断优化的前提下进行编制，因为不同的实施方案将导致直接工程费、措施费和企业管理费的差异。成本计划的编制是项目成本预控的重要手段。因此，应在开工前编制完成，以便将计划成本目标分解落实，为各项成本的执行提供明确的目标、控制手段和管理措施。

2. 间接成本计划

间接成本计划主要反映施工现场管理费用的计划数、预算收入数及降低额。间接成本计划应根据工程项目的核算期，以项目总收入费的管理费为基础，制订各部门费用的收支计划，汇总后作为工程项目的管理费用的计划。在间接成本计划中，收入应与取费口径一致，支出应与会计核算中管理费用的二级科目一致。间接成本计划的收支总额，应与项目成本计划中管理费一栏的数额相符。各部门应按照节约开支、压缩费用的原则，制定"管理费用归口包干指标落实办法"，以保证该计划的实施。

(二) 项目成本计划表

1. 项目成本计划任务表

项目成本计划任务表主要是反映项目预算成本、计划成本、成本降低额、成本降低率的文件，是落实成本降低任务的依据。

2. 项目间接成本计划表

项目间接成本计划表主要指施工现场管理费计划表。反映发生在项目经理部各项施工管理费的预算收入、计划数和降低额。

3. 项目降低成本计划表

根据企业下达给该项目的降低成本任务和该项目经理部自己确定的降

低成本指标而制订出项目成本降低计划。它是编制成本计划任务表的重要依据。它是由项目经理部有关业务和技术人员编制的。其根据项目的总包和分包的分工，项目中的各有关部门提供的降低成本资料及技术组织措施计划。在编制降低成本计划表时，还应参照企业内外以往同类项目成本计划的实际执行情况。

十二、项目成本计划编制的方法

(一) 施工预算法

施工预算法是指以施工图中的工程实物量，套以施工工料消耗定额，计算工料消耗量，并进行工料汇总，然后统一以货币形式反映其施工生产耗费水平。

采用施工预算法编制成本计划，是以单位工程施工预算为依据，并考虑结合技术节约措施计划，以进一步降低施工生产耗费水平。

施工预算法计划成本 = 施工预算工料消耗费用 – 技术节约措施计划节约额

(二) 技术节约措施法

技术节约措施法是指以工程项目计划采取的技术组织措施和节约措施所能取得的经济效果为项目成本降低额，然后求工程项目的计划成本的方法。用公式表示为：

工程项目计划成本 = 工程项目预算成本 – 技术节约措施计划节约额（成本降低额）

(三) 成本习性法

成本习性法是固定成本和变动成本在编制成本计划中的应用，主要按照成本习性，将成本分成固定成本和变动成本两类，以此计算计划成本。具体划分可采用按费用分解的方法。

1. 材料费

与产量有直接联系，属于变动成本。

2. 人工费

在计时工资形式下，生产工人工资属于固定成本，因为不管生产任务完成与否，工资照发，与产量增减无直接联系。如果采用计件超额工资形式，其计件工资部分属于变动成本，奖金、效益工资和浮动工资部分，亦应计入变动成本。

3. 机械使用费

其中有些费用随产量增减而变动，如燃料费、动力费等，属变动成本。有些费用不随产量变动，如机械折旧费、大修理费、机修工和操作工的工资等，属于固定成本。此外还有机械的场外运输费和机械组装拆卸、替换配件、润滑擦拭等经常修理费，由于不直接用于生产，也不随产量增减成正比变动，而是在生产能力得到充分利用，产量增长时，所分摊的费用就少些，在产量下降时，所分摊的费用就要大一些，所以这部分费用为介于固定成本和变动成本之间的半变动成本，可按一定比例划为固定成本和变动成本。

4. 措施费

水、电、风、气等费用以及现场发生的其他费用，多数与产量发生联系，属于变动成本。

5. 施工管理费

其中大部分在一定产量范围内与产量的增减没有直接联系，如工作人员工资、生产工人辅助工资、工资附加费、办公费、差旅交通费、固定资产使用费、职工教育经费、上级管理费等，基本上属于固定成本。检验试验费、外单位管理费等与产量增减有直接联系，则属于变动成本范围。此外，劳动保护费中的劳保服装费、防暑降温费、防寒用品费，劳动部门都有规定的领用标准和使用年限，基本上属于固定成本范围。技术安全措施费、保健费，大部分与产量有关，属于变动成本。工具用具使用费中，行政使用的家具费属固定成本。工人领用工具，随管理制度不同而不同，有些企业对机修工、电工、钢筋、车工、钳工、刨工的工具按定额配备，规定使用年限，定期以旧换新，属于固定成本；而对民工、木工、抹灰工、油漆工的工具采取定额人工数、定价包干，则又属于变动成本。

在成本按习性划分为固定成本和变动成本后，可用下列公式计算：

工程项目计划成本＝项目变动成本总额＋项目固定成本总额

第三节　建筑工程成本的控制与核算

一、建筑工程项目成本控制概要

(一) 项目成本控制的概念

项目成本控制是指项目经理部在项目成本形成的过程中，为控制人、机、材消耗和费用支出，降低工程成本，达到预期的项目成本目标，所进行的成本预测、计划、实施、核算、分析、考核、整理成本资料与编制成本报告等一系列活动。

项目成本控制是在成本发生和形成的过程中，对成本进行的监督检查。成本的发生和形成是一个动态的过程，这就决定了成本的控制也应该是一个动态过程，因此，也可称为成本的过程控制。

项目成本控制的重要性，具体可表现为以下几个方面：① 监督工程收支，实现计划利润。② 做好盈亏预测，指导工程实施。③ 分析收支情况，调整资金流动。④ 积累资料，指导今后投标。

(二) 项目成本控制的依据

1. 项目承包合同文件

项目成本控制要以工程承包合同为依据，围绕降低工程成本这个目标，从预算收入和实际成本两个方面，努力挖掘增收节支潜力，以求获得最大的经济效益。

2. 项目成本计划

项目成本计划是根据工程项目的具体情况制定的施工成本控制方案，既包括预定的具体成本控制目标，又包括实现控制目标的措施和规划，是项目成本控制的指导文件。

3. 进度报告

进度报告提供了每一时刻工程实际完成量，工程施工成本实际支付情况等重要信息。施工成本控制工作正是通过实际情况与施工成本计划相比较，找出二者之间的差别，分析偏差产生的原因，从而采取措施改进以后的工作。此外，进度报告还有助于管理者及时发现工程实施中存在的隐患，并在事态还未造成重大损失之前采取有效措施，尽量避免损失。

4. 工程变更与索赔资料

在项目的实施过程中，由于各方面的原因，工程变更是很难避免的。工程变更一般包括设计变更、进度计划变更、施工条件变更、技术规范与标准变更、施工次序变更、工程数量变更等。一旦出现变更，工程量、工期、成本都必将发生变化，从而使得施工成本控制工作变得更加复杂和困难。因此，施工成本管理人员应当通过对变更要求当中各类数据的计算、分析，随时掌握变更情况，包括已发生的工程量、将要发生的工程量、工期是否拖延、支付情况等重要信息，判断变更以及变更可能带来的索赔额度等。

除上述几种项目成本控制工作的主要依据以外，有关施工组织设计、分包合同文本等也都是项目成本控制的依据。

（三）项目成本控制的要求

项目成本控制应满足下列要求：① 要按照计划成本目标值来控制生产要素的采购价格，并认真做好材料、设备进场数量和质量的检查、验收与保管。② 要控制生产要素的利用效率和消耗定额，如任务单管理、限额领料、验工报告审核等。同时要做好不可预见成本风险的分析和预控，包括编制相应的应急措施等。③ 控制影响效率对消耗量的其他因素（如工程变更等）所引起的成本增加。④ 把项目成本管理责任制度与对项目管理者的激励机制结合起来，以增强管理人员的成本意识和控制能力。⑤ 承包人必须有一套健全的项目财务管理制度，按规定的权限和程序对项目资金的使用和费用的结算支付进行审核、审批，使其成为项目成本控制的一个重要手段。

（四）项目成本控制的原则

1. 全面控制原则

① 项目成本的全员控制。② 项目成本的全过程控制。③ 项目成本的全企业各部门控制。

2. 动态控制原则

① 项目施工是一次性行为，其成本控制应更重视事前、事中控制。

② 编制成本计划，制订或修订各种消耗定额和费用开支标准。③ 施工阶段重在执行成本计划，落实降低成本措施，实行成本目标管理。④ 建立灵敏的成本信息反馈系统。各责任部门能及时获得信息，纠正不利成本偏差。

3. 节约原则

① 编制工程预算时，应"以支定收"，保证预算收入；在施工过程中，要"以收定支"，控制资源消耗和费用支出。② 严格控制成本开支范围、费用开支标准和有关财务制度，对各项成本费用的支出进行限制和监督。抓住索赔时机，搞好索赔，合理力争甲方给予经济补偿。

二、项目成本控制实施的步骤

(一) 比较

按照某种确定的方式将施工成本计划值与实际值逐项进行比较，以发现施工成本是否已超支。

(二) 分析

在比较的基础上，对比较的结果进行分析，以确定偏差的严重性及偏差产生的原因。这是施工成本控制工作的核心，其主要目的在于找出产生偏差的原因，从而采取具有针对性的措施，减少或避免相同原因的事件再次发生或减少由此造成的损失。

(三) 预测

根据项目实施情况估算整个项目完成时的施工成本。预测的目的在于为决策提供支持。

(四) 纠偏

当工程项目的实际施工成本出现偏差，应当根据工程的具体情况、偏差分析和预测的结果，采取适当的措施，以期达到使施工成本偏差尽可能小的目的。纠偏是施工成本控制中最具实质性的一步。只有通过纠偏，才能最终达到有效控制施工成本的目的。

(五) 检查

检查是指对工程的进展进行跟踪和检查，及时了解工程进展状况以及纠偏措施的执行情况和效果，为今后的工作积累经验。

三、项目成本控制的对象和内容

(一) 项目成本控制的对象

以项目成本形成的过程作为控制对象。根据对项目成本实行全面、全过程控制的要求，具体包括：工程投标阶段成本控制；施工准备阶段成本控制；施工阶段成本控制；竣工交代使用及保修期阶段的成本控制。

以项目的职能部门、施工队和生产班组作为成本控制的对象。成本控制的具体内容是日常发生的各种费用和损失。项目的职能部门、施工队和班组还应对自己承担的责任成本进行自我控制，这是最直接、最有效的项目成本控制。

以分部分项工程作为项目成本的控制对象。项目应该根据分部分项工程的实物量，参照施工预算定额，联系项目管理的技术素质、业务素质和技术组织措施的节约计划，编制包括工、料、机消耗数量以及单价、金额在内的施工预算，作为对分部分项工程成本进行控制的依据。

以对外经济合同作为成本控制对象。

(二) 项目成本控制的内容

工程投标阶段中标以后，应根据项目的建设规模，组建与之相适应的项目经理部，同时以标书为依据确定项目的成本目标，并下达给项目经理部。

(三) 施工准备阶段

根据设计图纸和有关技术资料，对施工方法、施工顺序、作业组织形式、机械设备选型、技术组织措施等进行认真地研究分析，并运用价值工程原理，制定出科学先进、经济合理的施工方案。

(四) 施工阶段

① 将施工任务单和限额领料单的结算资料与施工预算进行核对，计算分部分项工程的成本差异，分析差异产生的原因，并采取有效的纠偏措施。② 做好月度成本原始资料的收集和整理，正确计算月度成本。实行责任成本核算。③ 经常检查对外经济合同的履约情况，为顺利施工提供物质保证。定期检查各责任部门和责任者的成本控制情况。

(五) 竣工验收阶段

① 重视竣工验收工作，顺利交付使用。在验收前，要准备好验收所需要的各种书面资料 (包括竣工图) 送甲方备查；对验收中甲方提出的意见，应根据设计要求和合同内容认真处理，如果涉及费用，应请甲方签证，列入工程结算。② 及时办理工程结算。③ 在工程保修期间，应由项目经理指定保修工作的责任人，并责成保修责任者根据实际情况提出保修计划 (包括费用计划)，以此作为控制保修费用的依据。

四、项目成本控制的实施方法

(一) 以项目成本目标控制成本支出

1. 人工费的控制

人工费的控制实行"量价分离"的原则，将作业用工及零星用工按定额工日的一定比例综合确定用工数量与单价，通过劳务合同进行控制。

2. 材料费的控制

材料费控制同样按照"量价分离"的原则，控制材料用量和材料价格。首先，是材料用量的控制。在保证符合设计要求和质量标准的前提下，合理使用材料，通过材料需用量计划、定额管理、计量管理等手段有效控制材料物资的消耗，具体方法如下：

(1) 材料需用量计划的编制实行适时性、完整性、准确性控制

在工程项目施工过程中，每月应根据施工进度计划，编制材料需用量计划。计划的适时性是指材料需用量计划的提出和进场要适时。计划的完整

性是指材料需用量计划的材料品种必须齐全，材料的型号、规格、性能、质量要求等要明确。计划的准确性是指材料需用量的计算要准确，绝不能粗估冒算。需用量计划应包括需用量和供应量。需用量计划应包括两个月工程施工的材料用量。

（2）材料领用控制

材料领用控制是通过实行限额领料制度来控制。限额领料制度可采用定额控制和指标控制。定额控制指对于有消耗定额的材料，以消耗定额为依据，实行限额发料制度。指标控制指对于没有消耗定额的材料，则实行计划管理和按指标控制。

（3）材料计量控制

准确做好材料物资的收发计量检查和投料计量检查。计量器具要按期检验、校正，必须受控；计量过程必须受控；计量方法必须全面、准确并受控。

（4）工序施工质量控制

工程施工前道工序的施工质量往往影响后道工序的材料消耗量。从每个工序的施工来讲，则应时时受控，一次合格，避免返修而增加材料消耗。

其次，是材料价格的控制。材料价格主要由材料采购部门控制。由于材料价格是由买价、运杂费、运输中的合理损耗等组成，因此控制材料价格，主要是通过掌握市场信息，应用招标和询价等方式控制材料、设备的采购价格。

施工项目的材料物资，包括构成工程实体的主要材料和结构件，以及有助于工程实体形成的周转使用材料和低值易耗品。从价值角度来看，材料物资的价值，占建筑安装工程造价的60%～70%，其重要程度自然是不言而喻的。材料物资的供应渠道和管理方式各不相同，控制的内容和方法也有所不同。

3. 施工机械使用费的控制

合理选择施工机械设备，合理使用施工机械设备对成本控制具有十分重要的意义，尤其是高层建筑施工。据某些工程实例统计，在高层建筑地面以上部分的总费用中，垂直运输机械费用占6%～10%。由于不同的起重运输机械有不同的用途和特点，因此在选择起重运输机械时，首先应根据工程特点和施工条件确定采取何种起重运输机械的组合方式。

施工机械使用费主要由台班数量和台班单价两个方面决定，为有效控制施工机械使用费支出，主要从以下几个方面进行控制：① 合理安排施工生产，加强设备租赁计划管理，减少因安排不当引起的设备闲置。② 加强机械设备的调度工作，尽量避免窝工，提高现场设备利用率。③ 加强现场设备的维修保养，避免因不正确使用造成机械设备的停置。④ 做好机上人员与辅助生产人员的协调与配合，提高施工机械台班产量。

4. 施工分包费用的控制

分包工程价格的高低，必然对项目经理部的施工项目成本产生一定的影响。因此，施工项目成本控制的重要工作之一是对分包价格的控制。项目经理部应在确定施工方案的初期确定需要分包的工程范围。决定分包范围的因素主要是施工项目的专业性和项目规模。对分包费用的控制，主要是要做好分包工程的询价、订立平等互利的分包合同、建立稳定的分包关系网络、加强施工验收和分包结算等工作。

（二）以施工方案控制资源消耗

资源消耗数量的货币表现大部分是成本费用。因此，资源消耗的减少，就等于成本费用的节约；控制了资源消耗，也就是控制了成本费用。

以施工预算控制资源消耗的实施步骤和方法如下：① 在工程项目开工前，根据施工图纸和工程现场的实际情况，制定施工方案。② 组织实施。施工方案是进行工程施工的指导性文件，有步骤、有条理地按施工方案组织施工，可以合理配置人力和机械，可以有计划地组织物资进场，从而做到均衡施工。③ 采用价值工程，优化施工方案。价值工程，又称价值分析，是一门技术与经济相结合的现代化管理科学，应用价值工程，即研究在提高功能的同时不增加成本，或在降低成本的同时不影响功能，把提高功能和降低成本统一在最佳方案中。

五、项目成本核算概述

（一）项目成本核算的对象

项目成本核算的对象是指在计算工程成本中确定的归集和分配生产费

用的具体对象，即生产费用承担的客体。确定成本核算对象，是设立工程成本明细分类账户、归集和分配生产费用以及正确计算工程成本的前提。

成本核算对象主要根据企业生产的特点与成本管理上的要求确定。由于建筑产品的多样性和设计、施工的单件性，在编制施工图预算、制订成本计划以及与建设单位结算工程价款时，都是以单位工程为对象。因此，按照财务制度规定，在成本核算中，施工项目成本一般应以独立编制施工图预算的单位工程为成本核算对象，但也可以按照承包工程项目的规模、工期、结构类型、施工组织和现场情况等，结合成本管理要求，灵活划分成本核算对象。一般来说有以下几种划分核算对象的方法：① 一个单位工程由几个施工单位共同施工时，各施工单位都应以同一单位工程为成本核算对象，各自核算自行完成的部分。② 规模大、工期长的单位工程，可以将工程划分为若干部位，以分部位的工程作为成本计算对象。③ 同一建设项目，由同一施工单位施工，并在同一施工地点，属于同一建设项目的各个单位工程合并作为一个成本核算对象。④ 改建、扩建的零星工程，可根据实际情况和管理需要，以一个单项工程为成本核算对象，或将同一施工地点的若干个工程量较少的单项工程合并作为一个成本核算对象。

(二) 项目成本核算的要求

项目成本核算的基本要求如下：① 项目经理部应根据财务制度和会计制度的有关规定，建立项目成本核算制，明确项目成本核算的原则、范围、程序、方法、内容、责任及要求，并设置核算台账，记录原始数据。② 项目经理部应按照规定的时间间隔进行项目成本核算。③ 项目成本核算应坚持三同步的原则。项目经济核算的三同步是指统计核算、业务核算、会计核算三者同步进行。统计核算即产值统计，业务核算即人力资源和物质资源的消耗统计，会计核算即成本会计核算。根据项目形成的规律，这三者之间必然存在同步关系，即完成多少产值、消耗多少资源、发生多少成本，三者应该同步，否则项目成本就会出现盈亏异常情况。④ 建立以单位工程为对象的项目生产成本核算体系，是因为单位工程是施工企业的最终产品（成品），可独立考核。⑤ 项目经理部应编制定期成本报告。

六、项目成本核算的方法

(一) 建筑工程项目成本核算的信息关系

建筑工程项目成本核算需要各方面提供信息。

(二) 建筑工程项目成本核算的工作流程

建筑工程项目成本核算的工作流程是: 预算→降低成本计划→成本计划→施工中的核算→竣工结算。

七、项目成本核算的过程

成本的核算过程, 实际上也是各成本项目的归集和分配的过程。成本的归集是指通过一定的会计制度, 以有序的方式进行成本数据的搜集和汇总; 而成本的分配是指将归集的间接成本分配给成本对象的过程, 也称间接成本的分摊或分派。

工程直接费在计算工程造价时可按定额和单位估价表直接列入, 但是在项目较多的单位工程施工情况下实际发生时却有相当一部分的费用也需要通过分配方法计入。间接成本一般按一定标准分配计入成本核算对象——单位工程。核算的内容如下: ① 人工费的归集和分配; ② 材料费的归集和分配; ③ 周转材料的归集和分配; ④ 结构件的归集和分配; ⑤ 机械使用费的归集和分配; ⑥ 施工措施费的归集和分配; ⑦ 施工间接费的归集和分配; ⑧ 分包工程成本的归集和分配。

八、建筑工程项目成本会计的账表

(一) 三账

1. 工程施工账

用于核算工程项目进行建筑安装工程施工所发生的各项费用支出, 是以组成工程项目成本的成本项目设专栏记载的。

工程施工账按照成本核算对象核算的要求, 又分为单位工程成本明细账和工程项目成本明细账。

2. 其他直接费账

先以其他直接费用项目设专栏记载，月终再分配计入受益单位工程的成本。

3. 施工间接费账

用于核算项目经理部为组织和管理施工生产活动所发生的各项费用支出，以项目经理部为单位设账，按间接成本费用项目设专栏记载，月终再按一定的分配标准计入受益单位工程的成本。

（二）四表

四表包括在建工程成本明细表、竣工工程成本明细表、施工间接费表和工程项目成本表。

1. 在建工程成本明细表

要求分单位工程列示，以组成单位工程成本项目的三本账汇总形成报表，账表相符，按月填表。

2. 竣工工程成本明细表

要求在竣工点交付后，以单位工程列示，实际成本账表相符，按月填表。

3. 施工间接费表

要求按核算对象的间接成本费用项目列示，账表相符，按月填表。

4. 工程项目成本表

该报表属于工程项目成本的综合汇总表，表中除按成本项目列示外，还增加了工程成本合计、工程结算成本合计、分建成本、工程结算其他收入和工程结算成本总计等项，综合了前三个报表，汇总反映项目成本。

第四节　建筑工程成本的分析与考核

一、项目成本分析概要

（一）项目成本分析的概念

项目成本分析，一方面，就是根据统计核算、业务核算和会计核算提供的资料，对项目成本的形成过程和影响成本升降的因素进行分析，以寻求进一步降低成本的途径（包括项目成本中有利偏差的挖潜和不利偏差的纠正）；另一方面，通过成本分析，可从账簿、报表反映的成本现象看清成本的实质，从而增强项目成本的透明度和可控性，为加强成本控制，实现项目成本目标创造条件。由此可见，项目成本分析，也是降低成本、提高项目经济效益的重要手段之一。

（二）项目成本分析的作用

①有助于恰当评价成本计划的执行结果。②揭示成本节约和超支的原因，进一步提高企业管理水平。③寻求进一步降低成本的途径和方法，不断提高企业的经济效益。

（三）项目成本分析的内容

一般来说，项目成本分析主要包括以下三种方法：

1. 随着项目施工的进展而进行的成本分析

①分部分项工程成本分析；②月（季）度成本分析；③年度成本分析；④竣工成本分析。

2. 按成本项目进行的成本分析

①人工费分析；②材料费分析；③机具使用费分析；④措施费分析；⑤间接成本分析。

3. 针对特定问题而与成本有关事项的分析

①成本盈亏异常分析；②工期成本分析；③资金成本分析；④质量成本分析；⑤技术组织措施、节约效果分析；⑥其他有利因素和不利因素对成本影响的分析。

一般来说，项目成本分析的内容主要包括以下几个方面：①人工费用水平的合理性；②材料、能源利用效果；③机械设备的利用效果；④施工质量水平的高低；⑤其他影响项目成本变动的因素。

二、项目成本分析的依据

(一) 会计核算

会计核算主要是价值核算。会计是对一定单位的经济业务进行计量、记录、分析和检查，做出预测，参与决策，实行监督，旨在实现最优经济效益的一种管理活动。由于会计记录具有连续性、系统性、综合性等特点，所以是施工成本分析的重要依据。

(二) 业务核算

业务核算是各业务部门根据业务工作的需要而建立的核算制度，它包括原始记录和计算登记表，如单位工程及分部分项工程进度登记，质量登记，工效、定额计算登记，物资消耗定额记录，测试记录等。业务核算的范围比会计、统计核算要广，会计和统计核算一般是对已经发生的经济活动进行核算，而业务核算不但可以对已经发生的，而且还可以对尚未发生或正在发生的经济活动进行核算，看是否可以做，是否有经济效果。它的特点是，对个别的经济业务进行单项核算。业务核算的目的，在于迅速取得资料，在经济活动中及时采取措施进行调整。

(三) 统计核算

统计核算是利用会计核算资料和业务核算资料，把企业生产经营活动客观现状的大量数据，按统计方法加以系统整理，表明其规律性。它的计量尺度比会计宽，可以用货币计算，也可以用实物或劳动量计量。它通过全面调查和抽样调查等特有的方法，不仅能提供绝对数指标，还能提供相对数和平均数指标，可以计算当前的实际水平，确定变动速度，可以预测发展的趋势。

三、项目成本分析的方法

(一) 比较法

比较法，又称"指标对比分析法"，就是通过技术经济指标的对比，检查目标的完成情况，分析产生差异的原因，进而挖掘内部潜力的方法。这种方法，具有通俗易懂、简单易行、便于掌握的特点，因而得到了广泛的应用，但在应用时必须注意各技术经济指标的可比性。比较法的应用，通常有以下三种形式：① 将实际指标与目标指标对比。② 本期实际指标与上期实际指标对比。③ 与本行业平均水平、先进水平对比。

（二）因素分析法

因素分析法又称连环置换法。这种方法可用来分析各种因素对成本的影响程度。在进行分析时，首先要假定众多因素中一个因素发生了变化，而其他因素不变，然后逐个替换，分别比较其计算结果，以确定各个因素的变化对成本的影响程度。因素分析法的计算步骤如下：① 确定分析对象，并计算出实际与目标数的差异。② 确定该指标是由哪几个因素组成的，并按其相互关系进行排序（排序规则是：先实物量，后价值量；先绝对值，后相对值）。③ 以目标数为基础，将各因素的目标数相乘，作为分析替代的基数。④ 将各个因素的实际数按照上面的排列顺序进行替换计算，并将替换后的实际数保留下来。⑤ 将每次替换计算所得的结果，与前一次计算结果相比较，两者的差异即为该因素对成本的影响程度。⑥ 各个因素的影响程度之和，应与分析对象的总差异相等。因素分析法是把项目成本综合指标分解为各个相关联的原始因素，以确定指标变动各因素的影响程度。它可以衡量各项因素影响程度的大小，以查明原因，改进措施，降低成本。

四、综合成本分析和专项成本分析

（一）综合成本的分析方法

1. 分部分项工程成本分析

分部分项工程成本分析是施工项目成本分析的基础。分部分项工程成本分析的对象为已完成分部分项工程。分析的方法是：进行预算成本、目标成本和实际成本的"三算"对比，分别计算实际偏差和目标偏差，分析偏差产生的原因，为今后的分部分项工程成本寻求节约途径。

分部分项工程成本分析的资料来源是：预算成本来自投标报价成本，目标成本来自施工预算，实际成本来自施工任务单的实际工程量、实耗人工和限额领料单的实耗材料。

由于施工项目包括很多分部分项工程，不可能也没有必要对每一个分部分项工程进行成本分析。但是，对于那些主要分部分项工程必须进行成本分析，而且要做到从开工到竣工进行系统的成本分析。这是一项很有意义的工作，因为通过主要分部分项工程成本的系统分析，可以基本上了解项目成本形成的全过程，为竣工成本分析和今后的项目成本管理提供一份宝贵的参考资料。

2.月（季）度成本分析

月（季）度成本分析，是施工项目定期的、经常性的中间成本分析。对于具有一次性特点的施工项目来说，有着特别重要的意义：因为通过月（季）度成本分析，可以及时发现问题，以便按照成本目标指定的方向进行。

月（季）度成本分析的依据是当月（季）的成本报表。分析的方法通常有以下几种：① 通过实际成本与预算成本的对比；② 通过实际成本与目标成本的对比；③ 通过对各成本项目的成本分析，可以了解成本总量的构成比例和成本管理的薄弱环节；④ 通过主要技术经济指标的实际与目标对比，分析产量、工期、质量、"三材"节约率、机械利用率等对成本的影响；⑤ 通过对技术组织措施执行效果的分析，寻求更加有效的节约途径；⑥ 分析其他有利条件和不利条件对成本的影响。

3.年度成本分析

企业成本要求一年结算一次，不得将本年成本转入下一年度。而项目成本则以项目的寿命周期为结算期，要求从开工、竣工到保修期结束连续计算，最后结算出成本总量及其盈亏。由于项目的施工周期一般较长，除进行月（季）度成本核算和分析外，还要进行年度成本的核算和分析。这不仅是为了满足企业汇编年度成本报表的需要，也是项目成本管理的需要。因为通过年度成本的综合分析，可以总结一年来成本管理的成绩和不足，为今后的成本管理提供经验和教训，从而对项目成本进行更有效的管理。

年度成本分析的依据是年度成本报表。年度成本分析的内容，除月（季）度成本分析的六个方面以外，重点是针对下一年度的施工进展情况规划切实可行的成本管理措施，以保证施工项目成本目标的实现。

4.竣工成本的综合分析

凡是有几个单位工程而且是单独进行成本核算（成本核算对象）的施工项目，其竣工成本分析应以各单位工程竣工成本分析资料为基础，再加上项目经理部的经营效益（如资金调度、对外分包等所产生的效益）进行综合分析。如果施工项目只有一个成本核算对象（单位工程），就以该成本核算对象的竣工成本资料作为成本分析的依据。

单位工程竣工成本分析，应包括以下三个方面的内容：① 竣工成本分析。② 主要资源节超对比分析。③ 主要技术节约措施及经济效果分析。通过以上分析，可以全面了解单位工程的成本构成和降低成本的来源，对今后同类工程的成本管理有一定的参考价值。

（二）项目专项成本的分析方法

1. 成本盈亏异常分析

检查成本盈亏异常的原因，应从经济核算的"三同步"入手。因为，项目经济核算的基本规律是：在完成多少产值、消耗多少资源、发生多少成本之间，有着必然的同步关系。如果违背这个规律，就会发生成本的盈亏异常。

2. 工期成本分析

工期成本分析，就是计划工期成本与实际工期成本的比较分析。

3. 资金成本分析

资金与成本的关系就是工程收入与成本支出的关系。根据工程成本核算的特点，工程收入与成本支出有很强的配比性。在一般情况下，都希望工程收入越多越好，成本支出越少越好。

4. 技术组织措施执行效果分析

技术组织措施必须与工程项目的工程特点相结合，技术组织措施有很强的针对性和适应性（当然也有各工程项目通用的技术组织措施）。计算节约效果的方法一般按以下公式计算：

措施节约效果 = 措施前的成本 – 措施后的成本

对节约效果的分析，需要联系措施的内容和执行过程来进行。

五、项目成本考核

(一) 项目成本考核的概念

项目成本考核是指对项目成本目标 (降低成本目标) 完成情况和成本管理工作业绩两个方面的考核。这两个方面的考核，都属于企业对项目经理部成本监督的范畴。应该说，成本降低水平与成本管理工作之间有着必然的联系，又受偶然因素的影响，但都是对项目成本评价的一个方面，都是企业对项目成本进行考核和奖罚的依据。

项目的成本考核，特别要强调施工过程中的中间考核，这对具有一次性特点的施工项目来说尤其重要。

(二) 项目成本考核的内容

1. 企业对项目经理考核的内容

① 项目成本目标和阶段成本目标的完成情况；② 建立以项目经理为核心的成本管理责任制的落实情况；③ 成本计划的编制和落实情况；④ 对各部门、各作业队和班组责任成本的检查和考核情况；⑤ 在成本管理中贯彻责、权、利相结合原则的执行情况。

2. 项目经理对所属各部门、各作业队和班组考核的内容

① 对各部门的考核内容：本部门、本岗位责任成本的完成情况，本部门、本岗位成本管理责任的执行情况。② 对各作业队的考核内容：对劳务合同规定的承包范围和承包内容的执行情况，劳务合同以外的补充收费情况，对班组施工任务单的管理情况以及班组完成施工任务后的考核情况。③ 对生产班组的考核内容 (平时由作业队考核)。以分部分项工程成本作为班组的责任成本。以施工任务单和限额领料单的结算资料为依据，与施工预算进行对比，考核班组责任成本的完成情况。

第三章 建筑工程项目质量管理

第一节 建筑工程质量管理概述

一、质量和质量管理

在工程建设过程中，加强工程质量管理，确保国家和人民的生命财产安全是施工项目管理中的头等大事。"百年大计，质量第一"，这是我国建筑业多年来一贯奉行的质量方针。目前，许多建筑施工企业经常强调"以质量求生存，以信誉求发展"。由此可见，加强建筑工程质量管理有着十分重要的意义。

(一) 质量

质量的概念有广义和狭义之分，狭义的质量通常指的是产品质量，产品质量是指产品适应社会生产和生活消费需要而具备的特性，它是产品使用价值的具体体现。而广义的质量除产品质量之外，还包括工作质量。就建筑工程而言，施工现场的质量就是施工现场的各个部门、各个环节，乃至各个工人和技术人员、管理人员所做的工作的质量。由于每一个岗位都有明确的工作质量标准，对建筑工程现场施工质量起到保证与完善的作用。所以说，工作质量不仅是现场施工质量的保证，也是建筑工程质量的保证，它反映了与建筑工程直接有关的工作对于建筑工程质量的保证程度。也可以说，施工现场工作质量的优劣，反映出施工现场和企业管理质量水平的高低。

(二) 质量管理

1. 社会性

(1) 坚持按标准组织生产

标准化工作是质量管理的重要前提，是实现管理规范化的需要。企业的标准分为技术标准和管理标准。技术标准主要分为原材料辅助材料标准、工艺工装标准、半成品标准、产成品标准、包装标准、检验标准等。它是沿着产品形成这根线环环控制投入各工序物料的质量，层层把关设卡，使生产过程处于受控状态。在技术标准体系中，各个标准都是以产品标准为核心而展开的，都是为了达到产成品标准服务的。

（2）强化质量检验机制

质量检验在生产过程中发挥以下职能：一是保证的职能，也就是把关的职能。通过对原材料、半成品的检验，鉴别、分选、剔除不合格品，并决定该产品或该批产品是否接收。保证不合格的原材料不投产，不合格的半成品不转入下道工序，不合格的产品不出厂。二是预防的职能。通过质量检验获得的信息和数据，为控制提供依据，发现质量问题，找出原因及时排除，预防或减少不合格产品的产生。三是报告的职能。质量检验部门将质量信息、质量问题及时向厂长或上级有关部门报告，为提高质量，加强管理提供必要的质量信息。

（3）实行质量否决权

产品质量靠工作质量来保证，工作质量的好坏主要是人的问题。因此，如何挖掘人的积极因素，健全质量管理机制和约束机制，是质量工作中的一个重要环节。质量责任制或以质量为核心的经济责任制是提高人的工作质量的重要手段。质量责任制的核心就是企业管理人员、技术人员、生产人员在质量问题上实行责、权、利相结合。作为生产过程质量管理，首先，要对各个岗位及人员分析质量职能，即明确在质量问题上各自承担的责任、工作的标准要求。其次，要把岗位人员的产品质量与经济利益紧密挂钩，兑现奖罚。对长期优胜者给予重奖，对玩忽职守造成质量损失的除不计工资外，还处以赔偿或其他处分。

（4）抓住影响产品质量的关键因素，设置质量管理点或质量控制点

质量管理点的含义是生产制造现场在一定时期、一定条件下对需要重点控制的质量特性、关键部位、薄弱环节以及主要因素等采取的特殊管理措施和办法，实行强化管理，使工厂处于很好的控制状态，保证规定的质量要求。加强这方面的管理，需要专业管理人员对企业整体做出系统分析，找出重点部位和薄弱环节并加以控制。质量是企业的生命，是一个企业整体素质

的展示，也是一个企业综合实力的体现。伴随着社会的进步和人们生活水平的提高，人们对产品质量的要求也越来越高。因此，企业要想长期稳定发展，必须围绕质量这个核心开展生产，加强产品质量管理。

2. 经济性

质量不仅从某些技术指标来考虑，还从制造成本、价格、使用价值和消耗等几个方面来综合评价。在确定质量水平或目标时，不能脱离社会的条件和需要，不能单纯追求技术上的先进性，还应考虑使用上的经济合理性，使质量和价格达到合理的平衡。

3. 系统性

质量是一个受到设计、制造、安装、使用、维护等因素影响的复杂系统。例如，汽车是一个复杂的机械系统，同时又是涉及道路、司机、乘客、货物、交通制度等特点的使用系统。

产品的质量应该达到多维评价的目标。质量系统是指具有确定质量标准的产品和为交付使用所必需的管理上和技术上的步骤的网络。

质量管理发展到全面质量管理，是质量管理工作又一个大的进步，统计质量管理着重于应用统计方法控制生产过程质量，发挥预防性管理作用，从而保证产品质量。然而，产品质量的形成过程不仅与生产过程有关，还与其他许多过程、许多环节和因素相关联，这不是单纯依靠统计质量管理所能解决的。全面质量管理相对更加适应现代化大生产对质量管理整体性、综合性的客观要求，从过去限于局部性的管理进一步走向全面性、系统性的管理。

二、建筑工程质量管理及其重要性

(一) 建设工程项目各阶段对质量形成的影响

对于一般的产品而言，顾客在市场上直接购置一个最终产品，是不会介入该产品的生产过程的。而对于工程产品来说，由于工程建设过程的复杂性和特殊性，它的业主或者投资者必须直接介入整个生产过程，参与全过程的、各个环节的、对各种要素的质量管理。要达到预期工程项目的目标，得到一个高质量的工程，必须对整个项目的过程实施严格的工程质量管理。工程质量管理必须达到微观和宏观的统一、过程和结果的统一。

由于项目施工是循序渐进的过程，因此，在建设工程项目质量管理过程中，任何一个方面出现问题，必然会影响后期的质量管理，进而影响整个工程的质量目标。而工程项目所具有的周期长的特点，使得工程质量不是旦夕之间形成的。工程建设各个阶段紧密衔接且相互制约影响，使得每一个阶段均对工程质量的形成产生十分重要的影响。一般来说，工程项目立项、设计、施工和竣工验收等阶段的过程质量应该为使用阶段服务，应该满足使用阶段的要求。工程建设的不同阶段对工程质量的形成起着不同的作用和影响，具体表现在以下几个方面。

1. 工程项目立项阶段对工程项目质量的影响

项目建议书、可行性研究是建设前期必需的程序，是工程立项的依据，是决定工程项目建设成败的首要条件，它关系到工程建设资金保证、时效保证、资源保证，决定了工程设计与施工能否按照国家规定的建设程序、标准来规范建设行为，也关系到工程最终能否达到质量目标和被社会环境所容纳。在项目的决策阶段主要是确定工程项目应达到的质量目标及水平。对于工程建设，需要平衡投资、进度和质量的关系，做到投资、质量和进度的协调统一，达到让业主满意的质量水平。因此，项目决策阶段是影响工程质量的关键阶段，要充分了解业主和使用者对质量的要求和意愿。

2. 工程勘察设计阶段对工程项目质量的影响

工程项目的地质勘察工作，是选择建设场地和为工程设计与施工提供场地的强度依据。地质勘察是决定工程建设质量的重要环节。地质勘察的内容和深度、资料可靠程度等将决定工程设计方案能否综合考虑场地的地层构造、岩石和土的性质、不良地质现象及地下水等条件，是全面合理地进行工程设计的关键，同时，也是工程施工方案确定的重要依据。

3. 工程项目设计阶段对工程项目质量的影响

工程项目设计质量是决定工程建设质量的关键环节，工程采用什么样的平面布置和空间形式，选用什么样的结构类型、材料、构配件及设备等，都直接关系到工程主体结构的安全可靠，关系到建设投资的综合功能是否能充分体现出规划意图。在一定程度上，设计的完美性也反映了一个国家的科技水平和文化水平。设计的严密性和合理性从根本上决定了工程建设的成败，是主体结构和基础安全、环境保护、消防、防疫等措施得以实现的保证。

4. 工程项目施工阶段对工程项目质量的影响

工程项目的施工是指按照设计图纸及相关文件，在建设场地上将设计意图付诸实现的测量、作业、检验并保证质量的活动。施工的作用是将设计意图付诸实施，建成最终产品。任何优秀的勘察设计成果，只有通过施工才能变成现实。因此，工程施工活动决定了设计意图能否实现，它直接关系到工程基础和主体结构的安全可靠、使用功能的实现以及外表观感能否体现建筑设计的艺术水平。在一定程度上工程项目的施工是形成工程实体质量的决定性环节。工程项目施工所用的一切材料，如钢筋、水泥、商品混凝土、砂石等以及后期采用的装饰装修材料都要经过有资质的检测部门检验合格后，才能用到工程上。在施工期间，监理单位要认真把关，做好见证取样送检及跟踪检查工作。确保施工所用材料、施工操作符合设计要求及施工质量验收规范规定。

5. 工程项目的竣工验收阶段对工程项目质量的影响

工程项目竣工验收阶段，就是对项目施工阶段的质量进行试车运转、检查评定，考核质量目标是否符合设计阶段的质量要求。这一阶段是工程建设向生产和使用转移的必要环节，影响工程能否最终形成生产能力和满足使用要求，体现工程质量水平的最终结果。因此，工程竣工验收阶段是工程质量管理的最后一个环节。

建筑工程项目质量的形成是一个系统的过程，是工程立项、勘察设计、施工和竣工验收各阶段质量的综合反映。建筑工程项目质量的优劣，不但关系到工程的使用性，而且关系到人民生命财产的安全和社会安定。由于施工质量低劣，造成工程质量事故或隐患，其后果是不堪设想的。因此，在工程建设过程中，加强各个阶段的质量管理，确保国家和人民生命财产安全是施工项目管理的头等大事。

(二) 建筑工程项目质量控制

1. 施工项目质量控制的原则

（1）坚持"质量第一，用户至上"原则

建筑产品是一种特殊商品，使用年限长，相对来说购买费用较大，直接关系到人民生命财产的安全。所以，工程项目施工阶段，必须始终把"质量第一，用户至上"作为质量控制的首要原则。

（2）坚持"以人为核心"原则

人是质量的创造者，质量控制必须把人作为控制的动力，调动人的积极性、创造性，增强人的责任感，提高人的质量意识，减少甚至避免人为的失误，以人的工作质量来保证工序质量、促进工程质量的提高。

（3）坚持"以预防为主"原则

以预防为主，就是要从对工程质量的事后检查转向事前控制、事中控制；从对产品质量的检查转向对工作过程质量的检查、对工序质量的检查、对中间产品（工序或半成品、构配件）的检查。这是确保施工项目质量的有效措施。

（4）坚持"用质量标准严格检查，一切用数据说话"原则

质量标准是评价建筑产品质量的尺度，数据是质量控制的基础和依据。产品质量是否符合质量标准，必须通过严格检查，用实测数据说话。

（5）坚持"遵守科学、公正、守法"的职业规范

建筑施工企业的项目经理、技术负责人在处理质量方面的问题时，应尊重客观事实，尊重科学，正直、公正，不持偏见；遵纪守法、杜绝不正之风；既要坚持原则、严格要求、秉公办事，又要谦虚谨慎、实事求是、以理服人。

2. 施工项目质量控制的内容

（1）对人的控制

人，是指直接参与施工的组织者、指挥者和具体操作者。对人的控制就是充分调动人的积极性，发挥人的主导作用。因此，除了加强政治思想教育、劳动纪律教育、专业技术和安全培训，健全岗位责任制、提高劳动条件外，还应根据工程特点，从确保工程质量的角度出发，在人的技术水平、生理缺陷、心理活动、错误行为等方面来控制对人的使用。如对技术复杂、难度大、精度要求高的工序，应尽可能地安排责任心强、技术熟练、经验丰富的工人完成；对某些要求万无一失的工序，一定要分析操作者的心理活动，稳定人的情绪；对具有危险源的作业现场，应严格控制人的行为，严禁吸烟、打闹等。此外，还应严禁无技术资质的人员上岗作业；对不懂装懂、碰运气、侥幸心理严重的或有违章行为倾向的人员，应及时制止。总之，只有

提高人的素质，才能确保建筑新产品的质量。

（2）对材料的控制

对材料的控制包括对原材料、成品、半成品、构配件等的控制，就是严格检查验收、正确合理地使用材料和构配件等，建立健全材料管理台账，认真做好收、储、发、运等各环节的技术管理，避免混料、错用和将不合格的原材料、构配件用到工程上去。

（3）对机械的控制

对机械的控制包括对所有施工机械和工具的控制。要根据不同的工艺特点和技术要求，选择合适的机械设备，正确使用、管理和保养机械设备，要建立健全"操作证"制度、岗位责任制度、"技术、保养"制度等，确保机械设备处于最佳运行状态。如施工现场进行电渣压力焊接长钢筋，按规范要求必须同心，如因焊接机械而达不到要求，就应立即更换或维修后再用，不要让机械设备或工具带病作业，给施工的环节埋下质量隐患。

（4）对方法的控制

对方法的控制主要包括对施工组织设计、施工方案、施工工艺、施工技术措施等的控制，应切合工程实际，能解决施工难题，技术可行，经济合理，有利于保证工程质量、加快进度、降低成本。选择较为适当的方法，使质量、工期、成本处于相对平衡的状态。

（5）对环境的控制

影响工程质量的环境因素较多，主要有技术环境，如地质、水文、气象等；管理环境，如质量保证体系、质量管理制度等；劳动环境，如劳动组合、作业场所、工作面等。环境因素对工程质量的影响，具有复杂而多变的特点，如气象条件就千变万化，温度、湿度、大风、严寒酷暑都直接影响工程质量，有时前一工序往往就是后一工序的环境。因此，应对影响工程质量的环境因素采取有效的措施予以严格控制，尤其是施工现场，应建立文明施工和安全生产的良好环境，始终保持材料堆放整齐、施工秩序井井有条，为确保工程质量和安全施工创造条件。

3.施工项目质量控制的方法

（1）审核有关技术文件、报告或报表

具体内容：审核有关技术资质证明文件，审核施工组织设计、施工方案和技术措施，审核有关材料、半成品、构配件的质量检验报告，审核有关材料的进场复试报告，审核反映工序质量动态的统计资料或图表，审核设计变更和技术核定书，审核有关质量问题的处理报告，审核有关工序交接检查和分部分项工程质量验收记录等。

（2）现场质量检查

检查内容：工序交接检查、隐蔽工程检查、停工后复工检查、节假日后上班检查、分部分项工程完工后验收检查、成品保护措施检查等。

检查方法：检查的方法主要有目测法、实测法、试验法检查等。

因此，在项目施工的过程中只要严格按照上述施工项目质量控制的原则和质量控制的方法以及施工现场的质量检查等，对工程项目的施工质量进行认真的控制，就一定能建造出高质量的建筑产品。

4. 监理单位如何在项目施工中控制工程质量

在建筑工程施工阶段，监理对于质量管理是以动态控制为主的，当监理方进入工程施工阶段，其主要工作内容为"三控、三管、一协调"，三控的内容包括质量控制、进度控制、投资控制，其中，以质量控制最为重要。那么，监理单位是如何对质量进行控制的呢？

首先审查施工现场质量管理是否有相应的技术标准。健全施工质量管理体系、施工质量检验制度和综合施工质量水平评定考核制度，并督促检查施工单位落实到位。并仔细审查施工组织设计和施工方案，检查和审查工程材料、设备的质量，消除质量事故的隐患。

（1）对工程所需的原材料、半成品的质量进行检查和控制

要求施工单位在人员配备、组织管理、检测程序、方法、手段等各个环节上加强管理，明确对材料的质量要求和技术标准。针对钢筋、水泥等材料的多源头、多渠道，对进场的每批钢筋、水泥做到"双控"（既要有质保书、合格证，又要有材料复试报告），未经检验的材料不允许用于工程，质量达不到要求的材料，及时清退出场。

（2）加强质量意识，实行"三检"

在工程施工前，监理方召开由施工单位技术负责人、质检员及有关各工程队组长参与的质量会议，加强质量管理意识，明确在施工过程中，每道工序必须执行"三检"制，且有公司质监部门专职质检员签字验收。然后经

监理人员验收、签字认定,方可进行下道工序的施工。如果施工单位没有进行"三检"或专职质检员签字,监理人员拒绝验收。

(3)严格把好隐蔽工程的签字验收关,发现质量隐患及时向施工单位提出整改

在进行隐蔽工程验收时,首先要求施工单位自检合格,再由公司专职质检员核定等级并签字,填写好验收表单,递交监理。然后由监理工程师组织施工单位项目专业质量(技术)负责人等进行验收。现场检查复核原材料,保证资料齐全,合格证、试验报告齐全,各层标高、轴线也要层层检查,严格验收。

5. 政府部门对建设工程的质量监督管理

政府监督对于工程质量来说是一种国际惯例。建设工程项目的质量关系到社会公众的利益和公共安全。因此,无论是在发达国家,还是在发展中国家,政府均对工程质量进行监督管理。大多数发达国家政府的建设行政主管部门把制定并执行住宅、城市、交通、环境建设等建设工程质量管理的法规作为主要任务,同时,把大型项目和政府投资项目作为监督管理的重点。政府对建设工程项目的质量监督,主要侧重于宏观的社会利益,贯穿建设的全过程,其作用是强制性的,其目的是保证工程项目的建设符合社会公共利益,保证国家的有关法规、标准及规范的执行。

政府部门对建设工程的质量监督管理制度具有以下特点:第一,具有权威性。建设工程质量体现的是国家意志,任何单位和个人从事工程建设活动都应服从这种监督管理。第二,具有强制性。这种监督是由国家的强制力来保证实施的,任何单位和个人不服从这种监督管理都将受到法律的制裁。第三,具有综合性。这种监督管理并不局限于某一个阶段或某一个方面,而是贯穿建设活动的全过程,并适用于建设单位、勘察单位、设计单位、施工单位、工程建设监理单位等。

第二节　建筑工程施工质量控制

一、施工质量控制

(一) 施工质量控制的内涵

1. 施工质量控制的基本概念

(1) 质量

质量是反映产品、体系或过程的一组固有特性满足要求，质量有广义与狭义之分。广义的质量包括工程实体质量和工作质量。工程实体质量不是靠检查来保证的，而是通过工程质量来保证的。狭义的质量是指产品的质量，即工程实体的质量。

(2) 施工质量控制

施工质量控制是在明确的质量方针的指导下，通过对施工方案和资源配置的计划、实施、检查和处置，进行施工质量目标的事前控制、事中控制和事后控制的系统过程。

施工是形成工程项目实体的过程，也是形成最终产品质量的重要阶段。所以，施工阶段的质量控制是工程项目质量控制的重点。

2. 施工项目质量控制的特点

由于项目施工涉及面广，是一个极其复杂的综合过程，再加上项目位置固定、生产流动、结构类型不同、质量要求不同、施工方法不同、体型大、整体性强、建设周期长、受自然条件影响大等特点，因此，施工项目的质量比一般工业产品的质量更难以控制，主要表现在以下几个方面：

(1) 影响质量的因素多

如设计、材料、机械、地形、地质、水文、气象、施工工艺、操作方法、技术措施、管理制度等，均直接影响施工项目的质量。

(2) 容易产生质量变异

因项目施工不像工业产品生产，有固定的自动性和流水线，有规范化的生产工艺和完善的检测技术，有成套的生产设备和稳定的生产环境，有相同系列规格和相同功能的产品；同时，由于影响施工项目质量的偶然性因素和系统性因素都较多，因此，很容易产生质量变异。如材料性能微小的差异、机械设备正常的磨损、操作微小的变化、环境微小的波动等，均会引起偶然性因素的质量变异。当使用材料的规格、品种有误，施工方法不当，操作不按规程，机械故障，测量仪表失灵，设计计算错误等，均会引起系统性因素的质量变异，造成工程质量事故。因此，在施工中要严防出现系统性因素的质量变异，要把质量变异控制在偶然性因素的范围内。

（3）容易产生第一、二判断错误

施工项目由于工序交接多、中间产品多、隐蔽工程多，若不及时检查实际情况，事后再看表面，就容易产生第二判断错误，也就是说，容易将不合格的产品认为是合格的产品；反之，若检查不认真，测量仪表不准，读数有误，则就会产生第一判断错误，也就是说容易将合格的产品认为是不合格的产品。尤其在进行质量检查验收时，应特别注意。

（4）质量检查不能解体、拆卸

工程项目建成后，不可能像某些工业产品那样，再拆卸或解体检查内在的质量，或重新更换零件，即使发现质量有问题，也不可能像工业产品那样实行"包换"或"退款"。

（5）质量要受投资、进度的制约

施工项目的质量受投资、进度的制约较大。一般情况下，投资大、进度慢，质量就好；反之，质量则差。因此，项目在施工中，还必须正确处理质量、投资、进度三者之间的关系，使其达到对应的统一。

3.施工质量控制的依据

（1）工程合同文件（包括工程承包合同文件、委托监理合同文件等）。

（2）设计文件"按图施工"是施工阶段质量控制的一项重要原则。

（3）国家及政府有关部门颁布的有关质量管理方面的法律、法规性文件。

4.施工质量控制的全过程

为了加强对施工项目的质量控制，明确各施工阶段质量控制的重点，可把施工项目质量分为事前质量控制、事中质量控制和事后质量控制三个阶段。

（1）事前质量控制

事前质量控制是指在正式施工前进行的质量控制，其控制重点是做好施工准备工作，且施工准备工作要贯穿施工全过程。

施工准备的范围：

① 全场性施工准备，是以整个项目施工现场为对象而进行的各项施工准备。

② 单位工程施工准备，是以一个建筑物或构筑物为对象而进行的施工准备。

③ 分项（部）工程施工准备，是以单位工程中一个分项（部）工程或冬雨期施工为对象而进行的施工准备。

④ 项目开工前的施工准备，是在拟建项目正式开工前所进行的一切施工准备。

⑤ 项目开工后的施工准备，是在拟建项目开工后，每个施工阶段正式开工前所进行的施工准备，如混合结构住宅施工，通常分为基础工程、主体工程和装饰工程等施工阶段，每个阶段的施工内容不同，其所需的物质技术条件、组织要求和现场布置也不同，因此，必须做好相应的施工准备。

施工准备的内容：

① 技术准备，包括项目扩大初步设计方案的审查；熟悉和审查项目的施工图纸；项目建设地点的自然条件、技术经济条件调查分析；编制项目施工图预算和施工预算；编制项目施工组织设计等。

② 物质准备，包括建筑材料准备、构配件和制品加工准备、施工机具准备、生产工艺设备的准备等。

③ 组织准备，包括建立项目组织机构、集结施工队伍、对施工队伍进行入场教育等。

④ 施工现场准备，包括控制网、水准点、标桩的测量；"五通一平"，生产、生活临时设施等；组织机具、材料进场；拟定有关试验、试制和技术进步项目计划；编制季节性施工措施；制定施工现场管理制度等。

（2）事中质量控制

事中质量控制是指在施工过程中进行的质量控制。事中质量控制的策略是全面控制施工过程，重点控制工序质量。其具体措施是：工序交接有检查；质量预控有对策；施工项目有方案；技术措施有交底；图纸会审有记录；配制材料有试验；隐蔽工程有验收；计量器具校正有复核；设计变更有手续；

钢筋代换有制度；质量处理有复查；成品保护有措施；行使质控有否决（如发现质量异常、隐蔽未经验收、质量问题未处理、擅自变更设计图纸、擅自代换或使用不合格材料、无证上岗未经资质审查的操作人员等，均应对质量予以否决）；质量文件有档案（凡是与质量有关的技术文件，如水准、坐标位置，测量、放线记录，沉降、变形观测记录，图纸会审记录，材料合格证明、试验报告，施工记录，隐蔽工程记录，设计变更记录，调试、试压运行记录，试车运转记录，竣工图等都要编目建档）。

(3) 事后质量控制

事后质量控制是指在完成施工过程中形成产品的质量控制，其具体工作内容包括：

① 组织联动试车。

② 准备竣工验收资料，组织自检和初步验收。

③ 按规定的质量评定标准和办法，对完成的分项工程、分部工程、单位工程进行质量评定。

④ 组织竣工验收，其标准是：

A. 按设计文件规定的内容和合同规定的内容完成施工，质量达到国家质量标准，能满足生产和使用的要求。

B. 主要生产工艺设备已安装配套，联动负荷试车合格，形成设计生产能力。

C. 竣工验收的建筑物要窗明、地净、水通、灯亮、气来、采暖通风设备运转正常。

D. 竣工验收的工程应内净外洁，施工中的残余物料运离现场，灰坑填平，临时建（构）筑物拆除，2m 以内地坪整洁。

E. 技术档案资料齐全。

(二) 施工质量控制的原则

1. 坚持质量第一，用户至上

社会主义商品经营的原则是"质量第一，用户至上"。建筑产品作为一种特殊的商品，使用年限较长，是百年大计，直接关系到人民生命财产的安全。所以，工程项目在施工中应自始至终地把"质量第一，用户至上"作为质量控制的基本原则。

2. 坚持以人为核心

人是质量的创造者，质量控制必须"以人为核心"，把人作为控制的动力，调动人的积极性、创造性；增强人的责任感，树立"质量第一"的观念；提高人的素质，避免人的失误；以人的工作质量保工序质量、促工程质量。

3. 坚持以预防为主

"以预防为主"就是要从对质量的事后检查把关，转向对质量的事前控制、事中控制；从对产品质量的检查，转向对工作质量的检查、对工序质量的检查、对中间产品质量的检查，这是确保施工项目质量的有效措施。

4. 坚持质量标准、严格检查，一切用数据说话

质量标准是评价产品质量的尺度，数据是质量控制的基础和依据。产品质量是否符合质量标准，必须通过严格检查，用数据说话。

5. 贯彻科学、公正、守法的职业规范

建筑施工企业的项目经理，在处理质量问题的过程中，应尊重客观事实，尊重科学，正直、公正，不持偏见；遵纪、守法，杜绝不正之风；既要坚持原则、严格要求、秉公办事，又要谦虚谨慎、实事求是、以理服人、热情帮助。

（三）施工质量控制的措施

1. 对影响质量因素的控制

（1）人员的控制

项目质量控制中人的控制，是指对直接参与项目的组织者、指挥者和操作者的有效管理和使用。人，作为控制对象能避免产生失误，作为控制动力能充分调动人的积极性和发挥人的主观能动性。为达到以工作质量保工序质量、促工程质量的目的，除加强纪律教育、职业道德、专业技术知识培训、健全岗位责任制、提高劳动条件、制定公平合理的奖惩制度外，还需要根据项目特点，从确保质量出发，本着人尽其才、扬长避短的原则控制人的使用。

（2）材料及构配件的质量控制

建筑材料品种繁杂，质量及档次相差悬殊，对用于项目实施的主要材

料，运到施工现场时必须具备正式的出厂合格证和材质化验单，如不具备或对检验证明有疑问时，应进行补验。检验所有材料合格证时，均须经监理工程师验证，否则一律不准使用。材料质量检验的方法，是通过一系列检测手段，将所取得的材料质量数据与材料的质量标准相对照，借以判断材料质量的可靠性，能否使用于工程中，同时，还有利于掌握材料质量信息。一般有书面检验、外观检验、理化检验和无损检验四种方法。

（3）机械设备控制

制定机械化施工方案，应充分发挥机械的效能，力求获得较好的综合经济效益。从保证项目施工质量角度出发，应着重从机械设备的选型、机型设备的主要性能参数和机械设备的使用操作要求三个方面予以控制。机械设备的选择，应本着因地制宜、因工程制宜的原则，按照技术上先进、经济上合理、生产上适用、性能上可靠、使用上安全、操作上轻巧和维修上方便的要求，贯彻执行机械化、半机械化与改良工具相结合的方针，突出机械与施工相结合的方针，机械设备正确地进行操作，是保证项目施工质量的重要环节，应贯彻"人机固定"的原则，实行定机、定人、定岗位责任的"三定"制度。操作人员必须执行各项规章制度，遵守操作规程，防止出现安全质量事故。

（4）方案控制

在项目实施方案审批时，必须结合项目实际，从技术、组织、管理、经济等方面进行全面分析、综合考虑，确保方案在技术上可行，在经济上合理，以确保工程质量。

（5）施工环境与施工工序控制

施工工序是形成施工质量的必要因素，为了把工程质量从事后检查转向事前控制，达到"以预防为主"的目的，必须加强对施工工序的质量控制。

2. 项目实施阶段的质量控制

（1）事前质量控制

事前质量控制以预防为主，审查其是否具有能完成工程并确保其质量的技术能力及管理水平，检查工程开工前的准备情况，对工程所需原材料、构配件的质量进行检查与控制，杜绝无产品合格证和抽检不合格的材料在工程中使用，并在抽检、送检原材料时需一方见证取样，清除工程质量事故发生的隐患，联系设计单位和施工单位进行设计交底和图纸会审，并对个别关键和施工较难部位共同协商解决。施工时应采用最佳方案，重审施工单位提交的施工方案和施工组织设计，审核工程中拟采用的新材料、新结构、施工新工艺、新技术鉴定书，对施工单位提出的图纸疑问或施工困难，热情帮助指导，并提出合理化的建议，积极协助解决。

（2）事中质量控制

事中质量控制坚持以标准为原则，在施工过程中，施工单位是否按照技术交底、施工图纸、技术操作规程和质量标准的要求实施，直接影响到工程产品的质量，是项目工程成败的关键。因此，管理人员要进行现场监督，及时检查，严格把关，强有力地保证工程质量，其中，在土建施工中，模板工程、钢筋工程、混凝土工程、砌体工程、抹灰工程、装饰工程等施工工序质量作为项目质量管理与控制的重点。

（3）事后质量控制

事后质量控制是指竣工验收控制，即对于通过施工过程所完成的具有独立的功能和使用价值的最终产品（单位工程或整个工程项目）及有关方面（如质量文档）的质量控制，其目的是确认工程项目实施的结果是否达到预期要求，实现工程项目的移交与清算。其包括施工质量检验、工程质量评定和质量文件建档。

施工过程要从各个环节、各个方面落实质量责任，以确保建设工程质量。作为施工的管理者，要通过科学的手段和现代技术，从基础工作做起，注意施工过程中的细节，加强对建筑施工工程的质量管理和控制。

二、施工质量控制的方法与手段

（一）施工质量控制的方法

现场进行质量检查的方法有目测法、实测法和试验法三种。

1. 目测法

目测法的手段可归纳为看、摸、敲、照四个字。

看，就是根据质量标准进行外观目测。如墙纸裱糊质量应是：纸面无斑痕、空鼓、气泡、褶皱；每一面墙纸的颜色、花纹一致；斜视无胶痕，纹理无压平、起光现象；对缝无离缝、搭缝、张嘴；对缝处图案、花纹完整；裁纸的一边不能对缝，只能搭接；墙纸只能在阴角处搭接，阳角应采用包角等。又如，清水墙面是否洁净，喷涂是否密实和颜色是否均匀，内墙抹灰大面及口角是否平直，地面是否光洁平整，油漆浆活表面观感，施工顺序是否合理，工人操作是否正确等，均是通过目测检查、评价。

摸，是手感检查，主要用于装饰工程的某些检查项目，如水刷石、干黏石黏结牢固程度，油漆的光滑度，浆活是否掉粉，地面有无起砂等，均可通过手摸加以鉴别。

敲，是运用工具进行音感检查。对地面工程、装饰工程中的水磨石、面砖、锦砖和大理石贴面等，均应进行敲击检查，通过声音的虚实确定有无空鼓，还可根据声音的清脆和沉闷判定属于面层空鼓或底层空鼓。此外，用手敲玻璃，如发出颤动音响，一般是底灰不满或压条不实。

照，对于难以看到或光线较暗的部位，则可采用镜子反射或灯光照射的方法进行检查。

2. 实测法

实测法是通过实测数据与施工规范及质量标准所规定的允许偏差对照，来判别质量是否合格。实测检查法的手段，可归纳为靠、吊、量、套四个字。

靠，是用直尺、塞尺检查墙面、地面、屋面的平整度。

吊，是用托线板以线锤吊线检查垂直度。

量，是用测量工具和计量仪表等检查断面尺寸、轴线、标高、湿度、温度等的偏差。

套，是以方尺套方，辅以塞尺检查。如对阴阳角的方正、踢脚线的垂直度、预制构件的方正等项目的检查。对门窗口及构配件的对角线（窜角）检查，也是套方的特殊手段。

3. 试验法

试验法是指必须通过试验手段，才能对质量进行判断的检查方法。如对桩或地基的静载试验，确定其承载力；对钢结构进行稳定性试验，确定是否会产生失稳现象；对钢筋对焊接头进行拉力试验，检验焊接的质量等。

（二）施工质量控制的手段

施工阶段，监理工程师对工程项目进行质量监控主要是通过审核施工单位所提供的有关文件、报告或报表；现场落实有关文件，并检查确认其执行情况；现场检查和验收施工质量；质量信息的及时反馈等手段实现的。

1. 审核施工单位有关技术文件、报告或报表

这是对工程质量进行全面监督、检查与控制的重要途径。审查的具体文件包括：

（1）审批施工单位提交的有关材料、半成品和机械设备质量证明文件（出厂合格证、质量检验或试验报告等）；

（2）审核新材料、新技术、新工艺的现场试验报告以及永久设备的技术性能和质量检验报告；

（3）审核施工单位提交的反映工序施工质量的动态统计资料或管理图表，审核施工单位的质量管理体系文件，包括对分包单位质量控制体系和质量控制措施的审查；

（4）审核施工单位提交的有关工序产品质量的证明文件，包括检验记录及试验报告，工序交接检查（自检）、隐蔽工程检查、分部分项工程质量检验报告等文件、资料；

（5）审批有关设计变更、修改设计图纸等；

（6）审批有关工程质量缺陷或质量事故的处理报告；

（7）审核和签署现场有关质量技术签证、文件等。

2. 现场落实有关文件，并检查确认其执行情况

工程项目在施工阶段形成的许多文件需要得到落实，如多方形成的有关施工处理方案、会议决定，来自质量监督机构的质量监督文件或要求等。施工单位上报的许多文件经监理单位检查确认后，如得不到有效落实，会使工程质量失去控制。因此，监理工程师应认真检查并确认这些文件的执行情况。

第三节　建筑工程施工质量验收

一、建筑工程施工质量验收概述

(一) 基本术语

建筑工程质量管理应以"突出质量策划、完善技术标准、强化过程控制、坚持持续改进"为指导思想，以提高质量管理要求为核心，力求在有效控制工程制造成本的前提下，使工程质量在施工过程中始终处于受控状态，质量验收是质量管理的重要环节，现行的质量验收规范中涉及众多术语，正确理解相关术语的含义，有利于正确把握现行施工质量验收规范的执行。

1. 建筑工程

建筑工程是为新建、改建或扩建房屋建筑物和附属构筑物设施所进行的规划、勘察、设计和施工、竣工等各项技术工作和完成的工程实体以及与其配套的线路、管道、设备等的安装工程。

其中，"房屋建筑物"的建造工程包括厂房、剧院、旅馆、商店、学校、医院和住宅等，其新建、改建或扩建必须兴工动料，通过施工活动才能实现；"附属构筑物设施"是指与房屋建筑配套的水塔、自行车棚、水池等；"线路、管道、设备的安装"是指与房屋建筑及其附属设施相配套的电气、给排水、暖通、通信、智能化、电梯等线路、管道、设备的安装活动。

2. 检验

对检验项目中的性能进行量测、检查、试验等，并将结果与标准规定要求进行比较，以确定每项性能是否符合所进行的活动。

3. 进场检验

对进入施工现场的建设材料、构配件、设备及器具等，按相关标准规定要求进行检验，并对产品达到合格与否做出确认的活动。

4. 见证检验

在监理单位或建设单位的监督下，由施工单位有关人员现场取样，并送至具备相应资质的检测单位所进行的检测。涉及结构安全的试块、试件以及有关材料，应按规定进行见证取样检测。

5. 复验

建筑材料、设备等进入施工现场后，在外观质量检查和质量证明文件核查符合要求的基础上，按照有关规定从施工现场抽取试样送至试验室进行检验的活动。

6. 检验批

按统一的生产条件或按规定的方式汇总起来供检验用的，由一定数量样本组成的检验体。检验批是工程质量验收的基本单元（最小单位），检验批通常按下列原则划分：

（1）检验批内质量基本均匀一致，抽样应符合随机性和真实性的原则。

（2）贯彻过程控制的原则，按施工次序、便于质量验收和控制关键工序的需要划分检验批。

7. 验收

建筑工程在施工单位自行质量检查评定的基础上，参与建设活动的有关单位共同对检验批、分项、分部、单位工程的质量进行抽样复验，根据相关标准以书面形式对工程质量达到合格与否做出确认。

8. 主控项目

建筑工程中对安全、节能、环境保护和主要使用功能起决定性作用的检验项目。主控项目是对检验批的基本质量起决定性影响的检验项目，主控项目和一般项目的区别是：对有允许偏差的项目，如果是主控项目，则其检测点的实测值必须在给定的允许偏差范围内，不允许超差。如果有允许偏差的项目是一般项目，允许有20%检测点的实测值超出给定的允许偏差范围，但是最大偏差不得大于给定允许偏差值的1.5倍。监理单位应对主控项目全部进行检查，对一般项目可根据施工单位质量控制情况确定检查项目。

9. 一般项目

除主控项目以外的检验项目。

10. 抽样方案

根据检验项目的特性所确定的抽样数量和方法。

11. 计数检验

通过确定抽样样本中不合格的个体数量，对样本总体质量做出判定的检验方法。

12. 计量检验

以抽样样本的检测数量计算总体均值、特征值或推定值，并以此判断或评估总体质量的检验方法。

13. 错判概率

合格批被判为不合格批的概率，即合格批被拒收的概率。

14. 漏判概率

不合格批被判为合格批的概率，即不合格批被误收的概率。

15. 观感质量

通过观察和必要的测试所反映的工程外在质量和功能状态。

16. 返修

对施工质量不符合标准规定的部位采取整修等措施。

17. 返工

对工程质量不符合标准规定的部位采取的更换、重新制作、重新施工等措施。

（二）施工质量验收的基本规定

（1）施工现场质量管理应有相应的施工技术标准、健全的质量管理体系、施工质量检验制度和综合施工质量水平评定考核制度。

建筑工程施工单位应建立必要的质量责任制度，对建筑工程施工的质量管理体系提出较全面的要求，建筑工程的质量控制应为全过程的控制。施工单位应推行生产控制和合格控制的全过程质量控制，应有健全的生产控制和合格控制的质量管理体系。这里不仅包括原材料控制、工艺流程控制、施工操作控制、每道工序质量检查、各道相关工序之间的交接检验以及专业工种之间等中间交接环节的质量管理和控制要求，还应包括满足施工图设计和功能要求的抽样检验制度等。

施工单位通过内部的审核与管理者的评审，找出质量管理体系中存在的问题和薄弱环节，并制定改进的措施和跟踪检查落实等措施，使单位的质量管理体系不断健全和完善，是该施工单位不断提高建筑工程施工质量的保证。

同时，施工单位还应重视综合质量控制水平，从施工技术、管理制度、工程质量控制和工程质量等方面制定对施工企业综合质量控制水平的指标，以达到提高整体素质和经济效益。

（2）未实行监理的建筑工程，建设单位相关人员应履行监理职责。

（3）建筑工程施工质量的控制应符合下列规定：

① 建筑工程采用的主要材料、成品、半成品、建筑构配件、器具和设备应进行现场验收。凡涉及安全、节能、环境保护和主要使用功能的重要材料、产品，应按各专业工程施工规范、验收规范和设计文件等规定进行复验，并经监理工程师检查认可。

② 各施工工序应按施工技术标准进行质量控制，每道施工工序完成后，经施工单位自检符合规定后，才能进行下道工序施工。各专业工种之间的相关工序应进行交接检验，并记录。

③ 对于监理单位提出检查要求的重要工序，应经监理工程师检查认可，才能进行下道工序施工。

（4）符合下列条件之一时，可按相关专业验收规范的规定适当调整抽样复验、试验数量，调整后的抽样复验、试验方案应由施工单位编制，并报监理单位审核确认。

① 同一项目中由相同施工单位施工的多个单位工程，使用同一生产厂家的同品种、同规格、同批次的材料、构配件、设备。

② 同一施工单位在现场加工的成品、半成品、构配件用于同一项目中的多个单位工程。

③ 在同一项目中，针对同一抽样对象已有检验成果可以重复利用。

（5）当专业验收规范对工程中的验收项目未做出相应规定时，应由建设单位组织监理、设计、施工等相关单位制定专项验收要求。涉及安全、节能、环境保护等项目的专项验收要求应由建设单位组织专家论证。

（6）检验批的质量检验，应根据检验项目的特点在下列抽样方案中进行选择：

① 计量、计数的抽样方案。

② 一次、二次或多次抽样方案。

③ 根据生产连续性和生产控制稳定性情况，尚可采用调整型抽样方案。

④ 对重要的检验项目，当可采用简易快速的检验方法时，可选用全数检验方案。

⑤ 经实践检验有效的抽样方案。

（7）检验批抽样样本应随机抽取，满足分布均匀、具有代表性的要求，抽样数量不应低于有关专业验收规范。

明显不合格的个体可不纳入检验批，但必须进行处理，使其满足有关专业验收规范的规定，对处理的情况应予以记录并重新验收。

二、建筑工程施工质量验收的划分

（一）施工质量验收层次划分的目的

工程施工质量验收涉及工程施工过程质量验收和竣工质量验收，是工程施工质量控制的重要环节。根据工程特点，按项目层次分解的原则合理划分工程施工质量验收层次，将有利于对工程施工质量进行过程控制和阶段质量验收，特别是不同专业工程的验收批的确定，将直接影响到工程施工质量验收工作的科学性、经济性、实用性和可操作性。因此，对施工质量验收层次进行合理划分非常必要，这有利于工程施工质量的过程控制和最终把关，以确保工程质量符合有关标准。

（二）施工质量验收划分的层次

随着我国经济发展和施工技术的进步，工程建设规模不断扩大，技术复杂程度越来越高，出现了大量工程规模较大的单体工程和具有综合使用功能的综合性建筑物。由于大型单体工程可能在功能或结构上由若干个单体组成，且整个建设周期较长，可能出现已建成可使用的部分单体需先投入使用，或先将工程中一部分提前建成使用等情况，需要进行分段验收。再加上对规模特别大的工程进行一次验收也不方便，因此标准规定，可将此类工程划分为若干个子单位工程进行验收。同时，为了更加科学地评价工程施工质量和有利于对其进行验收，根据工程特点，按结构分解的原则将单位或子单位工程又划分为若干个分部工程。在分部工程中，按相近工作内容和系统又划分为若干个子分部工程。每个分部工程或子分部工程又可划分为若干个分项工程。每个分项工程又可划分为若干个检验批。检验批是工程施工质量验收的最小单位。

（三）单位工程

（1）具备独立施工条件并能形成独立使用功能的建筑物及构筑物为一个单位工程。如一个学校中的一栋教学楼、某城市的广播电视塔等。

（2）规模较大的单位工程，可将其能形成独立使用功能的部分划分为一个子单位工程。子单位工程的划分一般可根据工程的建筑设计分区、使用功能的显著差异、结构缝的设置等实际情况，在施工前由建设、监理、施工单位自行商定，并据此收集整理施工技术资料和验收。

（3）室外工程可根据专业类别和工程规模划分单位（子单位）工程。

（四）分部工程

（1）分部工程的划分应按专业性质、建筑部位确定。一般工业与民用建筑工程的分部工程包括地基与基础、主体结构、建筑装饰装修、建筑屋面、建筑给水排水及采暖、建筑电气、智能建筑、通风与空调、电梯、建筑节能十个分部工程。

公路工程的分部工程包括路基土石方工程、小桥涵工程、大型挡土墙、路面工程、桥梁基础及下部构造、桥梁上部构造预制和安装等。

（2）当分部工程较大或较复杂时可按材料种类、施工特点、施工程序、专业系统及类别等划分为若干分部工程。如建筑装饰装修分部工程可分为地面、门窗、吊顶工程；建筑电气工程可划分为室外电气、电气照明安装、电气动力等子分部工程。

（五）分项工程

分项工程可按主要工种、材料、施工工艺、设备类别等进行划分。如钢筋混凝土结构工程中按主要工种分为钢筋工程、模板工程和混凝土工程等分项工程，按施工工艺分为现浇结构、预应力、装配式结构等分项工程。

（六）检验批

检验批可根据施工、质量控制和专业验收的需要，按工程量、楼层、施工段、变形缝等进行划分。

施工前，应由施工单位制定分项工程和检验批的划分方案，并由监理单位审核。

多层和高层建筑的分项工程可按楼层或施工段来划分检验批，单层建筑的分项工程可按变形缝等划分检验批；地基基础的分项工程一般划分为一个检验批，有地下层的基础工程可按不同地下层划分检验批；屋面工程的分项工程可按不同楼层屋面划分为不同的检验批；安装工程一般按一个设计系统或设备组别划分为一个检验批；室外工程一般划分为一个检验批；散水、台阶、明沟等含在地面检验批中；地基基础中的土方工程、基坑支护工程及混凝土结构工程中的模板工程，虽不构成建筑工程实体，但因其是建筑工程施工中不可缺少的重要环节和必要条件，是对质量形成过程的控制，其质量关系到建筑工程的质量和施工安全，因此将其列入施工验收的内容。

第四节　建筑工程质量通病控制

一、建筑防水工程常见的质量通病及防治

（一）防水基层

1. 找平层未留设分格缝或分格缝间距过大

（1）质量通病

找平层未留设分格缝或分格缝间距过大，容易因结构变形、温度变形、材料收缩变形引起找平层开裂。

（2）防治措施

找平层应设分格缝，以使变形集中到分格缝处，减少找平层大面积开裂的可能。留设的分格缝应符合规范和设计的要求。分格缝的位置应留设在屋面板端缝处，其纵、横的最大间距：水泥砂浆或细石混凝土找平层，不宜大于 6 m；沥青砂浆找平层，不宜大于 4 m；缝宽 20 mm，并嵌填密封材料。

2. 找平层厚度不足

（1）质量通病

水泥砂浆找平层厚度不足，施工时水分易被基层吸干，影响找平层强

度，容易引起表面收缩开裂。如在松散保温层上铺设找平层时，厚度不足难以起支承作用，在行走、踩踏时易使找平层劈裂、塌陷。

（2）防治措施

①应根据找平层的不同类别及基层的种类，确定找平层的厚度，找平层的厚度和技术要求应符合相关规定。

②施工时应先做好控制找平层厚度的标记。在基层上每隔1.5 m左右做一个灰饼，以此控制找平层的厚度。

3. 找平层起砂、起皮

（1）质量通病

找平面层施工后，屋面表面出现不同颜色和分布不均的砂粒，用手一搓，沙子就会分层浮起；用手击拍，表面水泥胶浆会成片脱落或有起皮、起鼓现象；用木槌敲击，有时还会听到空鼓的哑声；找平层起砂、起皮是两种不同的现象，但有时会在一个工程中同时出现。

（2）防治措施

①水泥砂浆找平层宜采用1:2.25~1:3(水泥:砂)体积配合比，水泥强度等级不低于32.5级：不得使用过期和受潮结块的水泥，沙子含水量不应大于5%。当采用细砂集料时，水泥砂浆配合比宜改为1:2(水泥:砂)。

②水泥砂浆摊铺前，屋面基层应清扫干净，并充分湿润，但不得有积水现象。摊铺时，应用水泥净浆薄薄涂刷一层，以确保水泥砂浆与基层黏结良好。

③水泥砂浆宜用机械搅拌，并要严格控制水胶比（一般为0.6~0.65），砂浆稠度为70~80 mm，搅拌时间不得少于1.5 min。搅拌后的水泥砂浆宜达到"手捏成团、落地开花"的操作要求，并应做到随拌随用。

④做好水泥砂浆的摊铺和压实工作。推荐采用木靠尺刮平，木抹子初压，并在初凝收水前再用铁抹子二次压实和收光的操作工艺。

⑤屋面找平层施工后应及时覆盖浇水养护（宜用薄膜塑料布或草袋），使其表面保持湿润，养护时间宜为7~10d。也可使用喷养护剂、涂刷冷底子油等方法进行养护，保证砂浆中的水泥能充分水化。

⑥对于面积不大的轻度起砂，在清扫表面浮砂后，可用水泥净浆进行修补；对于大面积起砂的屋面，则应将水泥砂浆找平层凿至一定深度，再用

1：2(体积比)水泥砂浆进行修补，修补厚度不宜小于15 mm，修补范围宜适当扩大。

⑦ 对于局部起皮或起鼓部分，在挖开后可用1：2(体积比)水泥砂浆进行修补。修补时应做好与基层及新旧部位的接缝处理。

⑧ 对于成片或大面积的起皮或起鼓屋面，则应铲除后返工重做。为保证返修后的工程质量，此时可采用"滚压法"抹压工艺。采用"滚压法"抹压工艺，必须使用半干硬性的水泥砂浆，且在滚压后适时地进行养护。

4. 找平层空鼓、开裂

(1) 质量通病

部分空鼓，有规则或不规则裂缝。

(2) 防治措施

① 结构层质量检查合格后，刮除表面灰疙瘩，扫刷冲洗干净，用1：3水泥砂浆刮补凹洼与空隙，抹平、压实并湿养护，湿铺保温层必须留设宽40～60 mm的排气槽，排气道纵、横间距不大于6 m，在十字交叉口上须预埋排气孔，在保温层上用厚20 mm、1：2.5的水泥砂浆找平，随捣随抹，抹平压实，并在排气道上用200 mm宽的卷材条通长覆盖，单边粘贴。

② 在未留设排气槽或分格缝的保温层和找平层基面上，出现较多的空鼓和裂缝时，宜按要求弹线切槽，凿除空鼓部分进行修补和完善。

(二) 卷材防水工程

1. 卷材起鼓

(1) 质量通病

热熔法铺贴卷材时，因操作不当造成卷材起鼓。

(2) 防治措施

① 高聚物改性沥青防水卷材施工时火焰加热要均匀、充分、适度。

在操作时，首先，持枪人不能让火焰停留在一个地方的时间过长，而应沿着卷材宽度方向缓缓移动，使卷材横向受热均匀。其次，要求加热充分，温度适中。最后，要掌握加热程度，以热熔后沥青胶出现黑色光泽(此时沥青温度为200～230℃)、发亮并有微泡现象为度。

② 趁热推滚，排尽空气。

卷材被热熔粘贴后，要在卷材尚处于较柔软时，就及时进行滚压。滚压时间可根据施工环境、气候条件调节掌握。气温高冷却慢，滚压时间宜稍紧密接触，排尽空气，而在铺压时用力又不宜过大，确保黏结牢固。

2. 转角、立面和卷材接缝处黏结不牢

（1）质量通病

卷材铺贴后易在屋面转角、立面处出现脱空。而在卷材的搭接缝处，还常发生黏结不牢、张口、开缝等缺陷。

（2）防治措施

① 基层必须做到平整、坚实、干净、干燥。

② 涂刷基层处理剂，并要求做到均匀一致，无空白漏刷现象，但切勿反复涂刷。

③ 屋面转角处应按规定增加卷材附加层，并注意与原设计的卷材防水层相互搭接牢固，以适应不同方向的结构和温度变形。

④ 对于立面铺贴的卷材，应将卷材的收头固定于立墙的凹槽内，并用密封材料嵌填封严。

⑤ 卷材与卷材之间的搭接缝口，也应用密封材料封严，宽度不应小于10 mm。密封材料应在缝口抹平，使其形成有明显的沥青条带。

（三）涂膜防水工程

1. 涂膜防水层空鼓

（1）质量通病

防水涂膜空鼓，鼓泡随气温的升降而膨大或缩小，使防水涂膜被不断拉伸，变薄并加快老化。

（2）防治措施

基层必须干燥，清理干净，先涂刷基层处理剂，干燥后涂刷首道防水涂料，等干燥后，经检查无气泡、空鼓后方可涂刷下道涂料。

2. 涂膜防水层裂缝、脱皮、流淌、鼓包

（1）质量通病

沿屋面预制板端头的规则裂缝，也有不规则裂缝或龟裂翘皮，导致渗漏。

(2) 防治措施

① 基层要按规定留设分格缝，嵌填柔性密封材料并在分格缝、排气槽面上涂刷宽 300 mm 的加强层，严格涂料施工工艺，每道工序检查合格后方可进行下道工序的施工，防水涂料必须经抽样测试合格后方可使用。

② 涂料应分层、分遍进行施工，并按事先试验的材料用量与间隔时间进行涂布，若夏天气温在 30℃ 以上时，应尽量避开炎热的中午施工。

③ 涂料施工前应将基层表面清扫干净；沥青基涂料中如有沉淀物（沥青颗粒），可用 32 目钢丝网过滤。

④ 在涂膜由于受基层影响而出现裂缝后，沿裂缝切割 20 mm × 20 mm 的槽，扫刷干净，嵌填柔性密封膏，再用涂料进行加宽涂刷加强，和原防水涂膜黏结牢固。涂膜自身出现龟裂现象时，应清除剥落、空鼓的部分，再用涂料修补，对龟裂的地方可采用涂料进行嵌涂两度。

(四) 刚性防水工程

1. 屋面开裂

(1) 质量通病

产生有规则的纵、横裂缝，或不规则裂缝。

(2) 防治措施

① 刚性防水层面的适用范围，除应遵守屋面工程质量验收规范有关要求外，且不得用于有高温或振动的建筑，也不适用于基础有较大不均匀下沉的建筑。

② 为减少结构变形对防水层的不利影响，在防水层与屋面基层之间宜设置隔离层。隔离层可采用纸筋灰、麻刀灰、低强度等级砂浆（如 1：3 石灰砂浆垫层）、干铺卷材或聚氯乙烯薄膜等材料。

③ 防水层必须分格。分格缝应设在屋面板的支承端、屋面转折处、防水层与凸出屋面结构的交接处，并应与板缝对齐。分格缝的纵、横间距不宜大于 6 m。此外，分格线应纵、横对齐，不要错缝。

④ 施工前检查基层、必须有足够的强度和刚度，表面没有裂缝，找坡后的排水要畅通，然后用石灰砂浆或黏土砂浆、纸筋石灰膏等粉抹基层面，作隔离层。

⑤当刚性防水层出现裂缝等不良现象而渗漏水时，应采取下列措施处理：

A. 对有规则的裂缝，沿裂缝用切割机切开，槽宽 20 mm、深 20 mm，剪断槽内钢筋。局部裂缝，可切开或凿成"V"形槽，上口宽 20 mm，深度大于 15 mm。清理干净后，槽内嵌填柔性防水材料。

B. 对不规则的裂缝，裂缝宽度小于 0.5m 时，可在刚性防水层表面，涂刮两度合格的防水涂料。

C. 有裂缝、酥松或破损的板块，须凿除后，按原设计要求重新浇筑刚性防水层。

2. 防水层起壳、起砂

（1）质量通病

防水层混凝土出现起壳、起砂及表面风化、酥松等现象。

（2）防治措施

①混凝土的水泥用量不应过高，细集料应尽可能采用中砂或粗砂。如当地无中、粗砂时，宜采用水泥石屑面层。

②切实做好清基、摊铺、碾压、收光、抹平和养护等工序。特别是碾压，一般宜用石滚（重 30～50 kg、长 600 mm）纵、横来回滚压 40～50 遍，直至混凝土表面压出拉毛状的水泥浆为止，然后抹平；待一定时间后再抹压第二遍、第三遍，使混凝土表面达到平整、光滑。

③混凝土应避免在酷热、严寒气温下施工，也不要在风沙和雨天施工。

④刚性屋面宜增加防水涂膜保护层或轻质砌块保护层。

⑤防水层混凝土如出现起壳、起砂及表面风化、酥松等现象时，应先将损坏部分剔除，表面凿毛并清理干净；然后，宜用聚合物水泥砂浆（厚度不宜小于 10 mm）分层抹平，压实至原混凝土防水层的标高。

⑥有条件时，在修补后可在刚性防水层表面增加防水涂膜保护层。

3. 分格缝漏水

（1）质量通病

沿分格缝位置漏水。

（2）防治措施

①施工细石混凝土刚性防水层时，分格条要保持湿润，并涂刷隔离剂，

沿分格条边的混凝土滚压时，要拍实抹平，待混凝土干硬后，扫刷干净分格缝的两侧壁，涂刷基层处理剂。当表面干时，缝底填好背衬材料，要选用合格的柔性防水密封材料嵌缝，待固化后嵌填密封膏，检查其黏结是否牢固，如有脱壳现象须清理掉重新嵌填。

② 当分格缝出现漏水时，凿除缝边不密实的混凝土，扫刷干净，涂刷基层处理剂，再用嵌缝材料性能一致的密封膏进行嵌填。如用不合格的防水密封膏或密封材料已老化和脱壳时，须铲除后更换嵌填柔性防水密封膏。

二、保温隔热工程常见的质量通病及防治

(一) 屋面保温层

1. 保温层厚薄不匀

(1) 质量通病

目测表面严重不平。用钢钉插入测厚度，厚处超过设计厚度的10%，薄处小于设计厚度的95%。

(2) 防治措施

① 无论是坡屋面还是平屋面，松散材料保温层均需分层铺设。

② 分隔铺设。为此，可采用经防腐处理的木龙骨或保温材料做的预制条块作为分隔条。

③ 做砂浆找平层时，宜在松散材料上放置10 mm 网目的钢丝筛，然后在其上面均匀地摊铺砂并刮平，最后取出钢丝筛抹平压光，以保证保温层厚度均匀。

2. 保温层起鼓、开裂

(1) 质量通病

保温层乃至找平层出现起鼓、开裂。

(2) 防治措施

① 为确保屋面保温效果，应优先采用质轻、导热系数小且含水率较低的保温材料，如聚苯乙烯泡沫塑料板、现喷硬质发泡聚氨酯保温层。严禁采用现浇水泥膨胀蛭石及水泥膨胀珍珠岩材料。

② 控制原材料含水率。封闭式保温层的含水率应相当于该材料在当地

自然风干状态下的平衡含水率。

③倒置式屋面采用吸水率小于6%、长期浸水不腐烂的保温材料。此时，保温层上应用混凝土等块材、水泥砂浆或卵石保护层与保温之间，应干铺一层无纺聚酯纤维面做隔离层。

④保温层施工完成后，应及时进行找平层和防水层的施工。雨季施工时保温层应采取遮盖措施。

⑤从材料堆放、运输、施工以及成品保护等环节都应采取措施，防止受潮和雨淋。

⑥屋面保温层干燥有困难时，应采用排气措施。排气道应纵、横贯通，并应与大气连通的排气孔相通，排气孔宜每 25 m² 设置 1 个，并做好防水处理。

3. 架空板铺设不稳、排水不畅

(1) 质量通病

架空板铺设不平整、不稳固、排水不通畅。

(2) 防治措施

①架空屋面施工时，应先将屋面清扫干净，并应根据架空板的尺寸，弹出支座中线。然后，按照屋面宽度及坡度大小，确定每个支座的高度。这样才能确保架空板安装后，坡度正确，排水畅通。

②非上人屋面的烧结普通砖强度等级不应小于 MU7.5，上人屋面的烧结普通砖强度等级不应小于 MU10；砖砌支座施工时宜采用水泥砂浆砌筑，其强度等级应为 M5。

③混凝土架空隔热板的强度等级不应小于 C20，且在板内宜放置钢线网片；在施工中严禁有断裂和露筋等缺陷。

④架空隔热板铺设后应做到平整、稳固，板与板之间宜用水泥砂浆或水泥混合砂浆勾缝嵌实，并按设计要求留置变形缝。架空隔热板安装后相邻高低不应大于 3 mm，可用直尺和楔形塞尺检查。

(二) 屋面隔热

架空隔热层风道不通畅。

1. 质量通病

屋面架空隔热层施工完后，发现风道内有砂浆、混凝土块或砖块等杂物，阻碍了风道内空气顺利流动，降低了隔热效果。

2. 防治措施

① 砌砖支腿时，操作人员应随手将砖墙上挤出的舌头灰刮尽，并用扫帚将砖面清扫干净。

② 砖支腿砌完后，在盖隔热板时，应先将风道内的杂物清扫干净。

③ 如风道砌好后长期不进行铺盖隔热板，则应将风道临时覆盖，避免杂物落入风道内。

④ 风道内落入杂物不太严重时，可用杆子插入风道内清理。

⑤ 如风道内已严重堵塞，则需把隔热板掀起，将杂物由上面掏出，进行处理后立即将隔热板重新盖好。

（三）外墙保温

1. 保温墙开裂

（1）质量通病

外保温墙体的裂缝主要发生在板缝、窗口周围、窗角、女儿墙部分、保温板与非保温墙体的结合部。从裂缝的形状又可分为表面网状裂缝，较长的纵向、横向或斜向裂缝，局部鼓胀裂缝等。

（2）防治措施

① 必须采用专用的抗裂砂浆并辅以合理的增强网，在砂浆中加入适量的聚合物和纤维对控制裂缝的产生是有效的。

② 选用抗裂强力高、耐碱强力保留率高、断裂应变小的玻纤网格，提高网格布的使用年限，从而有效地减少裂缝的发生。

2. 内墙表面长霉、结露

（1）质量通病

长霉、结露现象往往发生在墙角、门窗口和阴面墙、山墙下部以及墙表面湿度过大的部位。保温构造设计不合理的墙体，也会在墙体内部出现长霉、结露现象。严重的长霉、结露会对室内环境造成破坏，甚至危及居住者健康。

（2）防治措施

① 阻断热桥，改善室内湿度死角，保持良好的新风条件，如尽量采用

外墙外保温；采用苯板条完成对线条的表现处理等。

②采用内保温时窗应该靠近墙体的内侧，外保温则应靠近墙体的外侧。尽量使保温层与窗连接成一个系统以减少保温层与窗体间的保温断点，避免窗洞周边的热桥效应。窗设计中还应考虑窗根部上口的滴水处理和窗下口窗根部的防水设计处理，防止水从保温层与窗根部的连接部位进入保温系统的内部。

3.外墙空鼓、脱落

（1）质量通病

在保温层与其他材料的材质变换处，因为保温层与其他材料的材质的密度相差过大，这就决定了材质间的弹性模量和线性膨胀系数也不尽相同，在温度应力作用下的变形也不同，极容易在这些部位产生面层的抹灰裂缝。

（2）防治措施

①要在保护保温层的前提下，使外保温系统形成一个整体，转移面砖饰面层负荷作用体，改善面砖粘贴基层的强度，达到标准规定要求。

②要考虑外保温材料的压折比、黏结强度、耐候稳定性等指标以及整个外保温系统材料变形量的匹配性，以释放和消除热应力或其他应力。

③要考虑外保温材料的抗渗性以及保温系统的呼吸性和透气性，避免冻融破坏而导致面砖脱落。

④要提高外保温系统的防火等级，以避免火灾等意外事故出现后产生空腔，外保温系统丧失整体性在面砖饰面的自重力的影响下大面积坍落。

⑤要提高外保温系统的抗震和抗风压能力，以避免偶发事故出现后的水平方向作用力对外保温系统的巨大破坏。

第四章　建筑工程的材料与结构

第一节　建筑结构技术要求

一、民用建筑构造要求

(一) 民用建筑分类

建筑物通常按其使用性质分为民用建筑和工业建筑。

民用建筑分为居住建筑和公共建筑。

居住建筑包括住宅、公寓、宿舍等；公共建筑如图书馆、车站、办公楼、电影院、宾馆、医院等。

住宅建筑按层数分类：1~3 层为低层住宅，4~6 层为多层住宅，7~9 层 (高度不大于 27 m) 为中高层住宅，10 层及以上或高度高于 27 m 为高层住宅。

单层和多层建筑：除住宅建筑之外高度不高于 24 m 的民用建筑；高于 24 m 者为高层建筑 (不包括高度高于 24 m 的单层公共建筑)；超高层建筑：建筑高度高于 100 m 的民用建筑。

按建筑物主要结构所使用的材料分类：木结构建筑、砖木结构建筑、砖混结构建筑、钢筋混凝土结构建筑、钢结构建筑。

(二) 建筑的组成

建筑物由结构体系、围护体系和设备体系组成。

(1) 结构体系：承受竖向荷载和侧向荷载，并将这些载体安全地传至地下。分为上部结构和地下结构：上部结构：基础以上部分的建筑结构 (包括墙、柱、梁、屋顶等)；地下结构：建筑物的基础结构。

(2) 围护体系：由屋面、外墙、门、街等组成，屋面、外墙向护出的内部空间，能够遮蔽外界恶劣气候的侵袭，同时也起到隔声的作用，从而保证使用人群的安全性和私密性。

（3）设备体系：通常包括给排水系统、供电系统和供热通风系统。根据需要还有防盗报警、灾害探测、自动灭火等智能系统。

（三）民用建筑构造的影响因素

（1）荷载因素影响，荷载有结构自重、使用活荷载、风荷载、雪荷载、地震作用等。

（2）环境因素影响，包括自然因素和人为因素。

（3）技术因素影响，技术因素的影响主要是指建筑材料、建筑结构、施工方法等技术条件对建筑建造设计的影响。

（4）建筑标准影响，建筑标准一般包括造价标准、装修标准、设备标准等方面。民用建筑区于一般标准的建筑，构造做法多为常规做法。

（四）建筑构造设计的原则

坚固实用、技术先进、经济合理、美观大方。

（五）民用建筑主要构造要求

（1）实行建筑高度控制区内建筑高度，应按建筑物室外地面至建筑物和构筑物最高点的高度计算。

（2）非实行建筑高度控制区内建筑高度：平屋顶应按建筑物室外地面至其屋面面层或女儿墙顶点的高度计算；坡屋顶应按建筑物室外地面至屋檐和屋脊的平均高度计算；下列突出物不计入建筑高度内：局部突出屋面的楼梯间、电梯机房、水箱间等辅助用房占屋顶平面面积不超过 1/4 者，突出屋面的通风道、烟囱、通信设施和空调冷却塔等。

（3）不允许突出道路和用地红线的建筑突出物。

地下建筑及附属设施包括：结构挡土墙、挡土桩、地下室、地下室底板及其基础、化粪池。

地上建筑及附属设施包括：门廊、连廊、阳台、室外楼梯、台阶、坡道、花池、围墙、散水明沟、地下室进排风口、地下室出入口、集水井、采光井等。

经城市规划行政主管部门批准，允许突出道路红线的建筑突出物，应符合下列规定：

① 在人行道路面上空：

A.2.50m 以上允许突出的四窗、窗扇、窗节、空调机位，突出深度不应大于 0.50m；

B.2.50m 以上允许突出活动遮阳，突出宽度不应大于人行道宽减 1m，并不应大于 3m；

C.3m 以上允许突出雨篷、挑檐，突出宽度不应大于 2m；

D.5m 以上允许突出雨篷，挑檐，突出深度不宜大于 3m。

② 在无人行道的道路路面上空，4m 以上允许突出空调机位、窗罩，突出深度不应大于 0.50m。

（4）室内净高的计算：应按楼地面完成面至吊顶或楼板或梁底面之间的垂直距离计算；当楼盖、屋盖的下悬构件或管道底面影响有效使用空间者，应按楼地面完成面至下悬构件下缘或管道底面之间的垂直距离计算，地下室、局部夹层、走道等有人员正常活动的最低处的净高不应小于 2m。

（5）地下室、半地下室应符合下列要求：严禁将幼儿、老年人生活用房设在地下室或半地下室；居住建筑中的居室不应布置在地下室内；建筑物内的歌舞、娱乐、放映、游艺场所不应设置在地下 2 层及以下；当设置在地下一层时，地下一层地面与室外出入口地坪的高差不应大于 10m。

（6）超高层用建筑，应设置避难层（间）。有人员正常活动的架空层及避难层的净高不应低于 2m。

（7）台阶与坡道设置应符合：公共建筑室内外台阶踏步宽度不宜小于 0.3m，踏步高度不宜大于 0.15m，并不宜小于 0.10m，室内台阶踏步数不应少于 2 级；高差不足 2 级时，应按坡道设置。室内坡道坡度不宜大于 1：8，室外坡道坡度不宜大于供轮椅使用的坡道，不应大于 1：12，困难地段不应大于 1：8；自行车推行坡道每段坡长不宜超过 6m，坡度不宜大于 1：5。

（8）阳台、外廊、室内回廊、内天井、上人屋面及室外楼梯等临空性应设置防护栏杆，并应符合下列规定：临空高度在 24m 以下时，栏杆高度不应低于 1.05m，临空高度在 24m 及 24 以上（包括中高层建筑）时，栏杆高度不应低于 1.10m；住宅、托儿所、幼儿园、中小学及少年儿童专用活动场所的栏杆必须采用防止攀登的构造，当采用垂直杆件做栏杆时，其杆件净距不应大于0.11m。

(9) 主要交通用的楼梯的梯段净宽一般按每股人流宽为0.55+(0～0.15)m的人流股数确定；梯段改变方向时，平台扶手处的最小宽度不应小于梯段净宽，并不得小于1.20m；每个梯段的踏步一般不应超过18级，亦不应少于3级；楼梯平台上部及下部过道处的净高不应小于2m。梯段净高不宜小于2.20m；楼梯应至少于一侧设扶手，梯段净宽达三股人流时应两侧设扶手，达四股人流时应加设中间扶手。室内楼梯扶手高度自踏步前缘线量起不宜小于1.05m；有儿童经常使用的楼梯，梯井净宽大于0.20m时，必须采取安全措施；栏杆应采用不易攀登的构造，垂直杆件间的净距不应大于0.11m。

(10) 墙身防潮应符合下列要求：砌体墙应在室外地面以上，位于室内地面垫层处设置连续的水平防潮层；室内相邻地面打高差时，应在高差处墙身侧面加设防潮层；湿度大的房间的外墙或内墙内侧应设防潮层；室内墙面有防水、防潮、防污、防碰等要求时，应按使用要求设置墙裙。

(11) 门窗与墙体应连接牢固，且满足抗风压、水密性、气密性的要求，对不同材料的门窗选择相应的密封材料。

(12) 屋面面层均应采用不燃体材料，但一、二级耐火等级的不燃烧体屋面的基层上可采用可燃卷材防水层；屋面排水应优先采用外排水；高层建筑、多跨和集水面积较大的屋面应采用内排水。采用架空隔热层的屋面，架空层不得堵塞；当屋面宽度大于10m时，应设通风屋脊。

二、建筑物理环境技术要求

(一) 自然采光

1. 日照

住宅至少应有一个居住空间能获得冬季日照。需要获得冬季日照的居住空间的窗洞开口宽度不应小于0.60m。卧室、起居室（厅）、厨房应有天然采光。

2. 自然通风

每套住宅的自然通风开口面积不应小于地面面积的5%。卧室、起居室

（厅）、厨房应有自然通风。

公共建筑外窗可开启面积不小于外窗总面积的30%，透明幕墙应具有可开启部分或设有通风换气装置；屋顶透明部分的面积不大于屋顶总面积的20%。

3. 人工照明

（1）光源的主要类别

热辐射光源有白炽灯和卤钨灯，优点为体积小、构造简单，价格便宜；用在居住建筑和开关频繁、不允许有频闪现象的场所；缺点为散热量大、发光效率低、寿命短。

（2）光源的选择

开关频繁，要求瞬时启动和连续调光等场所，宜采用热辐射光源：有高速运转物体的场所宜采用混合光源。

应急照明包括疏散照明、安全照明和备用照明，必须选用能瞬时启动的光源。工作场所内安全照明的照度不宜低于该场所一般照明照度的5%；备用照明（不包括消防控制室、消防水泵房、配电室和自备发电机房等场所）的照度不宜低于一般照明照度的10%。

图书馆不宜采用具有紫外光、紫光和蓝光等短波辐射的光源。

长时间连续工作的办公室、阅览室、计算机显示屏等工作区域，宜控制光幕反射和反射眩光；在顶棚上的灯具不宜设置在工作位置的正前方，宜设在工作区的两侧，并使灯具的长轴方向与水平视线相平行。

（二）室内声环境——噪声

住宅卧室、起居室（厅）内噪声级：昼间卧室内的等效连续 A 声级不应大于45dB，夜间卧室内的等效连续 A 声级不应大于37dB；起居室（厅）的等效连续 A 声级不应大于45dB，有噪声和振动的设备用房应采取隔声、隔振和吸声的措施，并对设备和管道采取减振和消声处理。

（三）室内热工环境

1. 建筑物耗热量指标

体形系数：建筑物与室外大气接触的外表面积与其所包围的体积的比值。严寒、寒冷地区的公共建筑体形系数应不大于0.40。建筑物的高度相同，其平面形式为圆形时体形系数最小，依次为正方形、长方形以及其他组合形式。体形系数越大，耗热量比值也越大。

2. 围护结构保温层的设置

外保温可降低墙或屋顶温度应力的起伏，提高结构的耐久性，可减少防水层的破坏；对结构及房屋的热稳定性和防止或减少保温层内部产生水蒸气凝结有利；使热桥处的热损失减少，防止热桥内表面局部结露。

内保温在内外墙连接以及外墙与楼板连接等处产生热桥，保温材料有可能在冬季受潮；中间保温的外墙也由于内外两层结构需要连接而增加热桥传热，间歇空调的房间宜采用内保温；连续空调的房间宜采用外保温。旧房改造，外保温的效果最好。

三、建筑抗震构造要求

(一) 结构抗震相关知识

(1) 抗震设防的基本目标——"小震不坏、中震可修、大震不倒"。

(2) 建筑物的抗震设计根据其使用功能的重要性分为甲、乙、丙、丁类四个抗震设防类别。

(二) 框架结构的抗震构造措施

1. 震害表明

框架结构震害的严重部位多发生在框架梁柱节点和填充墙处；一般是柱的震害重于梁，柱顶的震害重于柱底，角柱的震害重于内柱，短柱的震害重于一般柱。

2. 梁抗震构造要求

梁的截面尺寸：截面宽度不宜小于200mm；截面高宽比不宜大于4；净跨与截面高度之比不宜小于4。

3. 柱箍筋加密范围

(1) 柱端为截面高度 (圆柱直径)、柱净高的1/6和1500mm 三者的最大值；

(2) 底层柱的下端不小于柱净高的1/3；

（3）刚性地面上下各 500mm；

（4）剪跨比不大于 2 的柱取全高。

（三）多层砌体房屋的抗震构造措施

1. 多层砖砌体房屋的构造柱构造要求。

（1）构造柱最小截面可采用 180mm×240mm，纵向钢筋宜采用 4φ12，箍筋间距不宜大于 250mm，且在柱上下端应适当加密；房屋四角的构造柱应适当加大截面及配筋。

（2）构造柱与墙连接处应砌成马牙槎，沿墙高每隔 500mm 设 2φ6 水平钢筋和 φ4 分布短筋平面内点焊组成的拉结网片或 φ4 点焊钢筋网片，每边伸入墙内不宜小于 1m³。

（3）构造柱与圈梁连接处、构造柱的纵筋应在圈梁纵筋内侧穿过，保证构造柱纵筋上下贯通。

（4）构造柱可不单独设置基础，但应伸入室外地面下 500mm，或与埋深小于 500mm 的基础圈梁相连。

（5）横墙内的构造柱间距不宜大于两倍层高；当外纵墙开间大于 3.9m 时，应另设加强措施；内纵墙构造柱间距不宜大于 4.2m。

2. 多层小砌块房屋的芯柱构造要求

（1）芯柱截面不宜小于 120mm×120mm，混凝土强度等级不应低于 Cb20。

（2）芯柱应伸入室外地面下 500mm 或与埋深小于 500mm 的基础圈梁相连。

（3）为提高墙体抗震受剪取载力而设置的芯柱，宜在墙体内均匀布置，最大净距不宜大于 2.0m。

（4）多层小砌块房屋墙体交接处或芯柱与墙体连接处应设置拉结钢筋网片。

第二节　建筑工程施工材料

一、常用建筑金属材料的品种、性能和应用

(一) 建筑钢材的主要钢种

钢材按化学成分分为碳素钢和合金钢两大类。碳素钢根据含碳量又可分为低碳钢 (含碳量小于 0.25%)、中碳钢 (含碳量 0.25%～0.6%) 和高碳钢 (含碳量大于 0.6%)。合金钢是在炼钢过程中加入一种或多种合金元素，如硅 (Si)、锰 (Mn)、钛 (Ti)、钒 (V) 等而得的钢种。按合金元素的总含量合金钢又可分为低合金钢 (总含量小于 5%)、中合金钢 (总含量 5%～10%) 和高合金钢 (总含量大于 10%)。

优质碳素结构钢钢材按冶金质量等级分为优质钢、高级优质钢 (牌号后加 "A") 和特级优质钢 (牌号后加 "E")。优质碳素结构钢一般用于生产预应力混凝土用钢丝、钢绞线、锚具，以及高强度螺栓、重要结构的钢铸件等。低合金高强度结构钢的牌号与碳素结构钢类似，不过其质量等级分为 A、B、C、D、E 五级。主要用于轧制各种型钢、钢板、钢管及钢筋，广泛用于钢结构和钢筋混凝土结构中，特别适用于各种重型结构、高层结构、大跨度结构及桥梁工程等。

(二) 常用的建筑钢材

1. 钢结构用钢

钢结构用钢主要有型钢、钢板和钢索等，其中型钢是钢结构中采用的主要钢材。钢板材包括钢板、花纹钢板、建筑用压型钢板和彩色涂层钢板等。钢板规格表示方法为 "宽度 × 厚度 × 长度" (单位为 mm)。

2. 钢筋混凝土结构用钢

钢筋混凝土结构用钢主要品种有热轧钢筋、预应力混凝土用热处理钢筋、预应力混凝土用钢丝和钢绞线等。热轧钢筋是建筑工程钢筋用量最大的品种之一。

热轧光圆钢筋强度较低，与混凝土的黏结强度也较低，主要用作板的

受力钢筋、箍筋以及构造钢筋。热轧带肋钢筋与混凝土之间的握裹力大，共同工作性能较好，是钢筋混凝土用的主要受力钢筋。

国家标准规定，有较高要求的抗震结构适用的钢筋除应满足以下（1）、（2）、（3）的要求外，其他要求与相对应的已有牌号钢筋相同。

（1）钢筋实测抗拉强度与实测屈服强度之比不小于1.25；

（2）钢筋实测屈服强度与规定的屈服强度特征值之比不大于1.30；

（3）钢筋的最大力总伸长率不小于9%。

（三）建筑钢材的力学性能

钢材的主要性能包括力学性能和工艺性能。其中力学性能是钢材最重要的使用性能，包括拉伸性能、冲击性能、疲劳性能等。工艺性能表示钢材在各种加工过程中的行为，包括弯曲性能和焊接性能。

1. 拉伸性能

建筑钢材拉伸性能的指标包括屈服强度、抗拉强度和伸长率。结构设计中钢材强度的取值依据是屈服强度。抗拉强度与屈服强度之比（强屈比）是评价钢材使用可靠性的一个参数。强屈比越大，钢材受力超过屈服点工作时的可靠性越大，安全性越高；但强屈比太大，钢材强度利用率偏低，浪费材料。

钢材在受力破坏前可以经受永久变形的性能，称为塑性。在工程应用中，钢材的塑性指标通常用伸长率表示。伸长率是钢材发生断裂时所能承受永久变形的能力。伸长率越大，说明钢材的塑性越大。试件拉断后标距长度的增量与原标距长度之比的百分比即为断后伸长率。对常用的热轧钢筋而言，还有一个最大力总伸长率的指标要求。

2. 冲击性能

冲击性能是指钢材抵抗冲击荷载的能力。钢的冲击性能受温度的影响较大，冲击性能随温度的下降而减小；当降到一定温度范围时，冲击值急剧下降，从而使钢材出现脆性断裂，这种性质称为钢的冷脆性。

3. 疲劳性能

受交变荷载反复作用时，钢材在应力远低于其屈服强度的情况下突然发生脆性断裂破坏的现象，称为疲劳破坏。

二、掌握无机胶凝材料的性能及应用

无机胶凝材料按其硬化条件的不同又可分为气硬性和水硬性两类。只能在空气中硬化，也只能在空气中保持和发展其强度的称气硬性胶凝材料，如石灰、石膏和水玻璃等；既能在空气中，还能更好地在水中硬化、保持和继续发展其强度的称水硬性胶凝材料，如各种水泥。气硬性胶凝材料一般只适用于干燥环境中，而不宜用于潮湿环境，更不可用于水中。

(一) 石灰

1. 石灰的熟化与硬化。

生石灰（CaO）与水反应生成氢氧化钙（熟石灰，又称消石灰）的过程，称为石灰的熟化或消解（消化石）。

在大气环境中，石灰浆体中的氢氧化钙在潮湿状态下会与空气中的二氧化碳反应生成碳酸钙，并释放出水分，即发生碳化。

2. 石灰的技术性质。

（1）保水性好。在水泥砂浆中掺入石灰膏，配成混合砂浆，可显著提高砂浆的和易性。

（2）硬化较慢、强度低。

（3）耐水性差。石灰不宜在潮湿的环境中使用，也不宜单独用于建筑物基础。

（4）硬化时体积收缩大。除调成石灰乳做粉刷外，不宜单独使用，工程上通常要掺入砂、纸筋、麻刀等材料以减小收缩，并节约石灰。

（5）生石灰吸湿性强。

(二) 石膏

石膏的主要成分为硫酸钙（$CaSO_4$），为气硬性无机胶凝材料。

（1）凝结硬化快。石膏浆体的初凝和终凝时间都很短，一般初凝时间为几分钟至十几分钟，终凝时间在 0.5h 以内，大约一星期完全硬化。

（2）硬化时体积微膨胀。石膏浆体凝结硬化时不像石灰、水泥那样出现收缩。

（3）硬化后孔隙率高。

（4）防火性能好。

（5）耐水性和抗冻性差。不宜用于潮湿部位。

（三）水泥

我国建筑工程中常用的是通用硅酸盐水泥。按混合材料的品种和掺量，通用硅酸盐水泥可分为硅酸盐水泥、普通硅酸盐水泥、矿渣硅酸盐水泥、火山灰质硅酸盐水泥、粉煤灰硅酸盐水泥和复合硅酸盐水泥。

1. 常用水泥的技术要求

（1）凝结时间

水泥的凝结时间分初凝时间和终凝时间。初凝时间是从水泥加水拌和起至水泥浆开始失去可塑性所需的时间，初凝时间不得短于45min；终凝时间是从水泥加水拌和起至水泥浆完全失去可塑性并开始产生强度所需的时间，硅酸盐水泥的终凝时间不得长于6.5h（其他五类常用水泥的终凝时间不得长于10h）。

（2）体积安定性

水泥的体积安定性是指水泥在凝结硬化过程中，体积变化的均匀性。如果水泥硬化后产生不均匀的体积变化，即所谓的体积安定性不良，就会使混凝土构件产生膨胀性裂缝，降低工程质量，甚至引起严重事故。

（3）强度及强度等级

国家标准规定，采用胶砂法来测定水泥的3d和28d的抗压强度和抗折强度。根据测定结果来确定该水泥的强度等级。

（4）其他技术要求

其他技术要求包括标准稠度用水量、水泥的细度及化学指标。通用硅酸盐水泥的化学指标有不溶物、烧失量、三氧化硫、氧化镁、氯离子和碱含量。碱含量属于选择性指标。水泥中的碱含量高时，如果配制混凝土的骨料具有碱活性，可能产生碱骨料反应，导致混凝土因不均匀膨胀而破坏。

2. 水泥包装及标志

水泥可以散装或袋装，袋装水泥每袋净含量为50kg。水泥包装袋上应清楚标明：执行标准、水泥品种、代号、强度等级、生产者名称、生产许可证标志（QS）及编号、出厂编号、包装日期、净含量。散装发运时应提交与袋装标志相同内容的卡片。

三、混凝土（含外加剂）的技术性能及应用

（一）混凝土的技术性能

1.混凝土拌和物的和易性

和易性是指混凝土拌和物易于施工操作（搅拌、运输、浇筑、捣实）并能获得质量均匀、成型密实的性能，又称工作性。和易性是一项综合的技术性质，包括流动性、黏聚性和保水性。

用坍落度试验来测定混凝土拌和物的坍落度或坍落扩展度，作为流动性指标，坍落度或坍落扩展度越大表示流动性越大。

对坍落度值小于10mm的干硬性混凝土拌和物，则用维勃稠度试验测定其稠度作为流动性指标，稠度值越大表示流动性越小。混凝土拌和物的黏聚性和保水性主要通过目测结合经验进行评定。

影响混凝土拌和物和易性的主要因素包括单位体积用水量、砂率、组成材料的性质、时间和温度等。单位体积用水量决定水泥浆的数量和稠度，它是影响混凝土和易性的最主要因素。砂率是指混凝土中砂的质量占砂、石总质量的百分率。

2.混凝土的耐久性

混凝土的耐久性是指混凝土抵抗环境介质作用并长期保持其良好使用性能和外观完整性的能力。它是一个综合性概念，包括抗渗、抗冻、抗侵蚀、碳化、碱骨料反应及混凝土中的钢筋锈蚀等性能，这些性能均决定着混凝土经久耐用的程度，故称为耐久性。

（1）混凝土的抗渗性，直接影响到混凝土的抗冻性和抗侵蚀性，主要与其密实度及内部孔隙的大小和构造有关。

（2）混凝土的碳化（中性化）。混凝土碳化是环境中的二氧化碳与水泥石中的氢氧化钙作用，生成碳酸钙和水。碳化使混凝土的碱度降低，削弱混凝土对钢筋的保护作用，可能导致钢筋锈蚀；碳化显著增加混凝土收缩，使混凝土抗压强度增大，但可能产生细微裂缝，而使混凝土抗拉、抗折强度降低。

（3）碱骨料反应。碱骨料反应是指水泥中的碱性氧化物含量较高时，吸水后会产生较大的体积膨胀，导致混凝土胀裂的现象，影响混凝土的耐久性。

（二）混凝土外加剂、掺和料的种类与应用

1. 外加剂的分类

混凝土外加剂种类繁多，功能多样，按其主要使用功能分为以下四类。

（1）改善混凝土拌和物流变性能的外加剂。包括各种减水剂、引气剂和泵送剂等。

（2）调节混凝土凝结时间、硬化性能的外加剂。包括缓凝剂、早强剂和速凝剂等。

（3）改善混凝土耐久性的外加剂。包括引气剂、防水剂和阻锈剂等。

（4）改善混凝土其他性能的外加剂。包括膨胀剂、防冻剂、着色剂、防水剂和泵送剂等。

2. 外加剂的应用

（1）混凝土中掺入减水剂，若不减少拌和用水量，能显著提高拌和物的流动性；当减水而不减少水泥时，可提高混凝土强度；若减水的同时适当减少水泥用量，则可节约水泥。同时，混凝土的耐久性也能得到显著改善。

（2）早强剂可加速混凝土硬化和早期强度发展，缩短养护周期，加快施工进度，提高模板周转率。多用于冬期施工或紧急抢修工程。

（3）缓凝剂主要用于高温季节混凝土、大体积混凝土、泵送与滑模方法施工以及远距离运输的商品混凝土等，不宜用于日最低气温5℃以下施工的混凝土，也不宜用于有早强要求和蒸汽养护的混凝土。

（4）引气剂是在搅拌混凝土过程中能引入大量均匀分布、稳定而封闭的微小气泡的外加剂。引气剂可改善混凝土拌和物的和易性，减少泌水离析，并能提高混凝土的抗渗性和抗冻性。同时，含气量的增加，混凝土弹性模量降低，对提高混凝土的抗裂性有利。由于大量微气泡的存在，混凝土的抗压强度会有所降低。引气剂适用于抗冻、防渗、抗硫酸盐、泌水严重的混凝土等。

3. 混凝土掺和料

在混凝土拌和物制备时，为了节约水泥、改善混凝土性能、调节混凝土强度等级，而加入的天然的或者人工的能改善混凝土性能的粉状矿物质，统称为混凝土掺和料。

通常使用的掺和料多为活性矿物掺和料。在掺有减水剂的情况下，能增加新拌混凝土的流动性、黏聚性、保水性，改善混凝土的可泵性，降低混凝土的水化热。综合以上性能，活性矿物掺和料的加入能提高硬化混凝土的强度和耐久性。

四、掌握砂浆及砌块的技术性能和应用

(一) 砂浆

1. 砂浆的组成材料

包括胶凝材料、细集料、掺和料、水和外加剂。

(1) 胶凝材料。建筑砂浆常用的胶凝材料有水泥、石灰和石膏。

(2) 细集料。对于砌筑砂浆用砂，优先选用中砂，既可满足和易性要求，又可节约水泥。毛石砌体宜选用粗砂。

2. 砂浆的主要技术性质

(1) 流动性 (稠度)

砂浆的流动性指砂浆在自重或外力作用下流动的性能，用稠度表示。稠度是以砂浆稠度测定仪的圆锥体沉入砂浆内的深度 (单位为 mm) 表示。圆锥沉入深度越大，砂浆的流动性越大。

影响砂浆稠度的因素有：所用胶凝材料种类及数量；用水量；掺和料的种类与数量；砂的形状、粗细与级配；外加剂的种类与掺量；搅拌时间。

(2) 保水性

指砂浆拌和物保持水分的能力。砂浆的保水性用分层度表示。砂浆的分层度不得大于 30mm。

(3) 砌筑砂浆的强度等级

砌筑砂浆的强度用强度等级来表示。砂浆强度等级是以边长为 70.7mm 的立方体试件，在标准养护条件下，用标准试验方法测得 28d 龄期的抗压强

度值（单位为 MPa）确定，可分为 M30、M25、M20、M15、M10、M7.5、M5 七个等级。

立方体试件以 3 个为一组进行评定，取 3 个试件测得的算术平均值；当 3 个值的最大值或最小值与中间值的差值超过中间值的 15% 时，取中间值；当最大值和最小值与中间值的差值同时超过中间值的 15% 时，则该组试件的试验结果无效。

影响砂浆强度的因素：组成材料、配合比、施工工艺、施工及硬化时的条件、砌体材料吸水率等。

（二）砌块

砌块按主规格尺寸可分为小砌块、中砌块和大砌块。空心率小于 25% 或无孔洞的砌块为实心砌块；空心率大于或等于 25% 的砌块为空心砌块。

砌块通常又可以按照其所用主要原材料和生产工艺命名，如水泥混凝土砌块、加气混凝土砌块、粉煤灰砌块、烧结砌块和石膏砌块等。

1. 普通混凝土小型砌块

普通混凝土小型砌块出厂检验项目有尺寸偏差、外观质量、最小壁肋厚度和强度等级；空心砌块按其强度等级分为 MU5.0、MU7.5、MU10、MU15、MU20 和 MU25 六个等级；实心砌块按其强度等级分为 MU10、MU15、MU20、MU25、MU30、MU35 和 MU40 七个等级。

普通混凝土小型空心砌块作为烧结砖的替代材料，可用于承重结构和非承重结构。如果利用砌块的空心配置钢筋，可用于建造高层砌块建筑。

混凝土砌块的吸水率小（一般为 14% 以下），吸水速度慢，砌筑前不允许浇水，以免发生"走浆"现象，影响砂浆饱满度和砌体的抗剪强度。但在气候特别干燥炎热时，可在砌筑前稍喷水湿润。与烧结砖砌体相比，混凝土砌块墙体较易产生裂缝，应注意在构造上采取抗裂措施。另外，还应注意防止外墙面渗漏，粉刷时做好填缝，并压实、抹平。

2. 轻集料混凝土小型空心砌块

与普通混凝土小型空心砌块相比，轻集料混凝土小型空心砌块密度较小、热工性能较好，但干缩值较大，使用时更容易产生裂缝，目前主要用于非承重的隔墙和围护墙。按其强度用等级分为 IMU15 五个等级。

3. 蒸压加气混凝土砌块

加气混凝土砌块广泛用于一般建筑物墙体，还用于多层建筑物的非承重墙及隔墙，也可用于低层建筑的承重墙。体积密度级别低的砌块还用于屋面保温。

五、掌握建筑饰面石材和建筑陶瓷的特性及应用

（一）天然花岗石

花岗石构造致密、强度高、密度大、吸水率极低、质地坚硬、耐磨，为酸性石材，因此其耐酸、抗风化、耐久性好，使用年限长。

花岗石板材主要应用于大型公共建筑或装饰等级要求较高的室内外装饰工程。花岗石因不易风化，外观色泽可保持百年以上，所以粗面和细面板材常用于室外地面、墙面，特别适宜做大型公共建筑大厅的地面。

（二）天然大理石

大理石质地密实、抗压强度较高、吸水率低、质地较软，属中硬石材。天然大理石板材是装饰工程的常用饰面材料。一般用于宾馆、展览馆、剧院、商场、图书馆、机场、车站等工程的室内墙面、柱面等部位。大理石耐酸、耐腐蚀性能较差，一般只适用于室内。

（三）建筑陶瓷

陶瓷砖按材质特性分类，可分为瓷质砖（吸水率≤5%）和焰瓷砖（0.5%小于吸水率不大于3%），称为Ⅰ类砖；细炻砖（3%小于吸水率不大于6%）和炻质砖（6%小于吸水率不大于10%），称为Ⅱ类砖；将陶质砖（吸水率大于10%）称为Ⅲ类砖。

釉面内墙砖的性能要求除无耐磨性、抗冲击性、抗冻性、摩擦系数要求外，其他要求同墙地砖。釉面内墙砖主要用于民用住宅、宾馆、医院、实验室等要求耐污、耐腐蚀、耐清洗的场所或部位。既有明亮清洁之感，又可保护基体，延长使用年限。用于厨房的墙面装饰，不但清洗方便，还兼有防火功能。

陶瓷卫生产品根据材质分为瓷质卫生陶瓷（吸水率≤0.5%）和陶质卫生

陶瓷（8%≤吸水率＜15%）。

（1）陶瓷卫生产品的主要技术指标是吸水率，它直接影响到洁具的清洗性和耐污性。

（2）耐急冷急热要求必须达到标准要求。

（3）节水型和普通型坐便器的用水量（便器用水量是指一个冲水周期所用的水量）分别不大于6L和9L，节水型和普通型蹲便器的用水量分别不大于8L和11L，节水型和普通型小便器的用水量分别不大于3L和5L。

（4）卫生洁具要有光滑的表面，不易玷污且宜清洁。便器与水箱配件应成套供应。

（5）便器安装要注意排污口安装距（下排式便器排污口中心至完成墙的距离；后排式便器排污口中心至完成地面的距离）。

(6) 水龙头合金材料中的铅含量越低越好（有的产品铅含量已降到0.59%以下）。

六、木材及木制品的特性及应用

木材的含水量用含水率表示，指木材所含水的质量占木材干燥质量的百分比。影响木材物理力学性质和应用的最主要的含水率指标是纤维饱和点和平衡含水率。

纤维饱和点是木材仅细胞壁中的吸附水达饱和而细胞腔和细胞间隙中无自由水存在时的含水率。

木材仅当细胞壁内吸附水的含量发生变化时才会引起木材的变形，即湿胀干缩变形。

木材的变形在各个方向上不同，顺纹方向最小，径向较大，弦向最大。

湿胀干缩变形会影响木材的使用特性。干缩会使木材翘曲、开裂、接榫松动、拼缝不严，湿胀可造成表面鼓凸，所以木材在加工或使用前应预先进行干燥，使其含水率达到或接近与环境湿度相适应的平衡含水率。

七、玻璃的特性及应用

(一) 净片玻璃

未经深加工的平板玻璃，也称为白片玻璃。

净片玻璃有良好的透视、透光性能。对太阳光中热射线的透过率较高，但对室内墙、顶、地面和物品产生的长波热射线却能有效阻挡，可产生明显的"暖房效应"，夏季空调能耗加大；太阳光中紫外线对净片玻璃的透过率较低。

净片玻璃的另外一个重要用途是做深加工玻璃的原片。

(二) 装饰玻璃

装饰玻璃包括以装饰性能为主要特性的彩色平板玻璃、釉面玻璃、压花玻璃、喷花玻璃、乳花玻璃、刻花玻璃、冰花玻璃等。

(三) 安全玻璃

安全玻璃包括钢化玻璃、防火玻璃和夹层玻璃。

钢化玻璃机械强度高，抗冲击性也很高，弹性比普通玻璃大得多，热稳定性好，在受急冷急热作用时，不易发生炸裂，碎后不易伤人。

防火玻璃按耐火性能指标分为隔热型防火玻璃（A 类）和非隔热型防火玻璃（C 类）两类。防火玻璃按耐火等级可以分为 5 级，耐火时间分别对应 $\geq 3h$、$\geq 2h$、$\geq 1.5h$、$\geq 1h$、$\geq 0.5h$。

夹层玻璃是在两片或多片玻璃原片之间，用以 PVB（聚乙烯醇缩丁醛）为主的中间材料经加热、加压黏合而成的平面或曲面的复合玻璃制品。层数有 2、3、4、5 层，最多可达 9 层。夹层玻璃透明度好，抗冲击性能高，玻璃破碎不会散落伤人。适用于高层建筑的门窗、天窗、楼梯栏板和有抗冲击作用要求的商店、银行、橱窗、隔断及水下工程等安全性能高的场所或部位等。夹层玻璃不能切割，需要选用定型产品或按尺寸定制。

(四) 节能装饰玻璃

镀膜玻璃是对太阳光中的热射线具有一定控制作用的镀膜玻璃。其具有良好的隔热性能，可以避免暖房效应，节约室内降温空调的能源消耗。具有单向透视性，故又称为单反玻璃。

中空玻璃的性能特点为光学性能良好，且由于玻璃层间干燥气体导热系数极小，露点很低，具有良好的隔声性能。中空玻璃主要用于保温隔热、隔声等功能要求的建筑物，如宾馆、住宅、医院、商场、写字楼等幕墙工程。

八、防水材料的特性和应用

防水材料是土木工程防止水透过建筑物结构层而使用的一种建筑材料。常用的防水材料有四类：防水卷材、建筑防水涂料、刚性防水材料、建筑密封材料。

(一) 防水卷材

防水卷材分为 SBS、APP 改性沥青防水卷材，聚乙烯丙纶 (涤纶) 防水卷材，PVC、TPO 高分子防水卷材，自黏复合防水卷材等。

防水卷材 SBS、APP 改性沥青防水卷材具有不透水性能强、抗拉强度高、延伸率大、耐高低温性能好、施工方便等特点。适用于工业与民用建筑的屋面、地下等处的防水防潮以及桥梁、停车场、游泳池、隧道等建筑物的防水。

(二) 建筑防水涂料

防水涂料在常温下是一种液态物质，将它涂抹在基层结构物的表面上，能形成一层坚韧的防水膜，从而起到防水装饰和保护的作用。防水涂料可分为 JS 聚合物水泥基防水涂料、聚氨酯防水涂料、水泥基渗透结晶型防水涂料，其中水泥基渗透结晶型防水涂料是一种刚性防水材料。

(三) 刚性防水材料

刚性防水材料通常指防水砂浆与防水混凝土，俗称刚性防水。建筑密封材料是一些能使建筑上的各种接缝或裂缝、变形缝 (沉降缝、伸缩缝、抗震缝) 保持水密、气密性能，并且具有一定强度，能连接结构件的填充材料。常用的建筑密封材料有硅酮、聚氨酯、聚硫、丙烯酸酯等密封材料。

第三节　建筑工程结构设计

一、结构体型

(一) 平面形状、偏心距

1. 平面形状

一般的多层建筑在设计时，建筑体型的影响不大，而高层建筑则不同，建筑体型影响较大。建筑体型直接关系到结构的可行性及经济性。复杂的外形平面，使楼盖在其自身平面内的刚度多处发生变化，建筑物的水平力合力中心与刚度中心偏离，容易使建筑物产生扭转。平面形状转折处，往往产生应力集中，加大结构中某些构件和节点的内力。

当结构单元长度过大时，容易产生较大的温度应力，在地震时，建筑物两端亦可能发生不同的地震运动，对上部结构产生不利影响。

高层建筑的建筑平面，一般可设计成矩形、方形、圆形、Y 形、L 形、十字形、井字形等。从抗风的角度看，具有圆形、椭圆形等流线型周边的建筑物所受的风荷载较小；从抗震的角度看，平面对称，结构抗侧刚度均匀，平面高宽比较接近，则其抗震性能好。

高层建筑的平面及体型虽然形形色色，但其主导体型，不外乎板式及塔式两大类。板式建筑指建筑物宽度较小、长度较大的体型；塔式建筑则指建筑平面外轮廓的总长度与总宽度相接近的建筑。

板式建筑的优点是房间的采光效果较好，房间面积利用率高，但板式建筑短边方向的侧向刚度小，对高度较大的高层建筑不利，高度越高，越要避免长宽比（L/B）很大的平板式平面。必要时，可做成曲线或折线形，以增加短边方向刚度。

塔式建筑平面形状多，例如，圆形、方形，长宽接近的矩形、三角形、Y 形、十字形等。塔式建筑在高层建筑中颇为普遍，尤其当高度较大时的高层建筑几乎都是塔式的。

建筑的平面形状应力求简单、规则，尽量使结构抗侧刚度中心、建筑平面形心、建筑物质量中心重合，以减少扭转影响。

2. 偏心距

刚度中心指在近似法计算中指各抗侧结构抗侧移刚度的中心。质心指地震惯性力的合力作用点。偏心距指近似计算法中，水平力作用线与刚度中心之间的距离（质心与刚心之间的距离）。

复杂的外形平面，使楼盖在其自身平面内的刚度多处发生变化，建筑物的水平力合力中心与刚度中心偏离，容易使建筑物产生扭转，扭转增加了结构受力的复杂性，尤其在地震时，其影响更为严重。国内外震害表明，结构的扭转振动作用，往往加重其破坏程度，有时甚至成为建筑物倒塌的主要因素。扭转作用的精确计算十分困难，因此，工程设计中尽量从概念设计方面去解决，刚度中心和水平力作用线间距离应限制在 0.05L 内（L——垂直于水平力方向建筑物的长度）。

（二）立面形状

在建筑物的竖向，可做成各种形状，上下相同或向上略微减小的体形比较有利。震区的建筑物，其竖向体型应力求规则、均匀和连续，要尽可能避免刚度突变和结构不连续，避免有过大的外挑和内收。各抗侧力构件所负担的楼层质量沿高度方向无剧烈变化，由上而下，各抗侧力构件的抗推刚度和承载力逐渐加大，并与各构件所负担的水平剪力、弯矩和轴力成比例地增大。避免错层和局部夹层，同一层的楼面应尽量设置在同一标高处，在建筑物的底部、中部或顶部，常由于建筑使用上的要求而布置大空间，这时既要尽量使竖向结构层间总刚度上下均匀，避免突变，又要加强上下层楼盖结构刚度，加强各抗侧力结构之间的联系，以保证水平剪力在各种抗侧力结构之间的传递。对于阶梯形建筑和有塔楼的建筑，由于地震中高振型的影响，在阶梯形建筑上阶部分的根部和塔楼的根部，将产生应力集中并造成开裂破坏，因而，应注意上下两段交接处的连接构造，尽可能使刚度逐渐减小，不要突变。

结构楼层层间抗侧力结构的承载力（指所考虑的水平地震作用方向上，该层全部柱及剪力墙的屈服抗剪强度之和），不宜小于上一层的80%，不应小于上一层的65%，顶层取消部分墙、柱形成空旷房间，底部采用部分框支剪力墙或中部楼层部分剪力墙被取消后，由于竖向刚度变化，应进行计算并采取有效构造措施，防止由于刚度和承载力变化而产生不利影响。

高层结构宜设置地下室，设置地下室有如下结构功能：

第一，利用土体的侧压力防止水平力作用下结构的滑移、倾覆。

第二，减小土的重量，降低地基的附加压力，增加建筑物层数。

第三，提高地基土的承载能力。

第四，减少地震作用对上部结构的影响，提高抗震能力。

(三) 总高度

一般而言，建筑物越高，它所受到的地震作用和倾覆力矩越大，遭受破坏的可能性也越大。国内外震害调查表明，地震区 RC 建筑物的总高度是确定结构选型的重要因素之一，这类建筑物的高度限值与地震烈度、场地条件和结构体系类型有关。烈度越高、场地类别越大，地震作用效应越大。据震害调查及以往设计经验，考虑经济效果等因素，各类结构体系的适用最大高度。

二、结构总体布置

(一) 总原则

高层建筑结构的总体布置，系指其对高度、平面、立面和体型等的选择。高层结构总体布置原则为：必须同时满足建筑、施工和结构三个方面的要求。

建筑方面：应考虑建筑使用功能，包括服务设施所提出的要求，对确定开间、进深、层高、层数、平面关系和体型等，都有直接关系。满足使用要求，不但要方便，还要合理、经济，包括服务设施的使用效率要高，投资和维持费用要低。此外，尚应考虑美学要求。

施工方面：要尽量采用先进施工技术，提高工业化程度，且应便于施工，以达到经济合理的目的。

结构方面：应满足强度、刚度、稳定性和耗能能力要求。在高层的设计中，首要的是选择适当的结构体系，结构体系确定后，结构总体布置应结合建筑设型和合理的传力路线。结构体系受力性能与技术经济指标能否达到先进、合理，与结构布置密切相关。

理论和实践均证明，一个工程设计，要达到安全适用、技术先进、经济合理、保证质量的要求，往往不能仅靠力学分析来解决，一些复杂的部位常常无法进行精确计算，特别是地震区的建筑物。地震动是一种随机振动，影响因素众多，故其计算分析难以准确，有鉴于此，概念设计至关重要，结构总体布置就是概念设计中的主要部分。

建筑物的动力性能与建筑布局和结构布置相关，凡建筑布置简单合理，结构布置符合抗震设计原则，从设计一开始就把握好地震能量输入、房屋体型、结构体系、刚度分布、延性等几个主要方面，从根本上消除建筑结构中抗震薄弱环节，并配合必要的抗震计算和构造措施，就可从根本上保证建筑物具有良好的抗震性能。反之，建筑布局奇特、复杂，结构布置存在薄弱环节，即使进行精细的地震反应分析，在构造上采用补强措施，也不一定能达到减轻震害的预期目的，甚至影响安全。

因此，建筑结构的总体布置，是从根本上改善结构整体的地震反应和提高抗震能力的重要措施，是抗震概念设计的重要一环，设计者应予以充分重视。

结构总体布置时需考虑以下方面：

1. 高度

建筑物的高度是设计中的一个敏感指标，高度越高，建筑物所受地震作用和倾覆力矩则越大，遭受破坏的可能性越大。

2. 高宽比（H/B）

高宽比（H/B）是高层建筑设计中的一个重要控制指标，不论是否在地震区，建筑物均应考虑高宽比，控制高宽比的原因如下：为使结构有足够刚度，据材料力学中对悬臂梁的分析，悬臂梁的挠度与梁截面高度的三次方成反比，高层建筑可视为固定于基础上的悬臂梁，由此可知，增加建筑物平面宽度时对减小其侧移很有利，高层建筑控制侧移，就是为了保证结构有足够的刚度。在方案设计阶段，对建筑物的刚度可以从限制高宽比得到宏观控制，防止因过于细柔而产生过大的侧移（水平位移）。如果高宽比过大而又要满足侧移限值，则势必要加大墙、柱等构件的截面面积，靠构件本身的刚度增大来满足建筑物刚度要求，这样处理是不经济的，不仅增加材料消耗，而且加大了自重，相应亦使地震力增加。

3. 平面要简单、对称、规则、均匀

地震区高层建筑的几何平面，以具有对称轴的简单图形有利于抗震，其中以正方形、矩形、圆形最好，正六角形、正八角形、椭圆形、扇形也有利。其原因在于，非对称的几何平面建筑，往往会引起质心和刚心的偏心，产生扭转振动，从而加剧结构分析结果的误差，但需指出的是，即使是对称建筑，也可能产生扭转，只不过扭矩较小而已。

鉴于城市规划、建筑艺术和使用功能等需要，对平面形状的要求，常常不全是非常简单的，故而，又提出了规则的要求，平面长度不宜过长，突出部分长度宜减小，凹角处宜采取加强措施。质量与刚度平面分布基本均匀对称时，可按规则建筑进行抗震分析。

几何图形的对称性是必要的，但不是充分条件。其一，应避免带长翼的对称；其二，应避免虚假对称。所谓虚假对称指建筑平面对称，但抗侧构件布置不对称，刚心偏在一侧，质心和刚心不重合，即使在地面平动作用下，亦会产生扭转振动。

4. 立面变化要均匀、规则

震区高层建筑的立面，宜采用沿主轴对称的矩形、梯形、金字塔形等均匀变化的几何形状，尽量避免立面突然变化，因为立面形状的突然变化，必然会带来质量和抗侧刚度的剧烈变化。地震时，几何形状突变部位会发生强烈振动或塑性变形集中效应，从而加重破坏。

为考虑建筑美学要求和使用功能，建筑立面除要求简单、对称之外，又提出"规则"的概念，规则在高度方向的要求是：

（1）突出屋顶小建筑的尺寸不宜过大，局部缩进的尺寸也不宜大，一般可缩进原宽的 1/6 ~ 1/4。

（2）抗侧力构件上、下层连续，不发生错位，且横截面面积改变不大。

（3）相邻层的质量变化不大，一般相邻层的质量比要大于 1/2 ~ 3/5。

（4）结构的侧向刚度宜下大上小，逐渐均匀变化。当某楼层侧向刚度小于上层时，不宜小于相邻上部楼层的 70%。

（5）结构楼层层间抗侧力结构的承载力（指在所考虑的水平地震作用方向上，该层全部柱有剪力墙的屈服抗剪强度之和），不宜小于上一层的 80%，不应小于上一层的65%。

5.缝的设置

以往在总体布置中，要考虑沉降、混凝土收缩、温度改变和结构体型复杂所产生的不利影响，一般用沉降缝、伸缩缝和抗震缝将建筑物划分成若干独立部分，从而消除沉降差、温度和收缩应力以及体型复杂对结构的危害。但设缝之后相应带来的各种问题不好处理，如设缝后影响使用和立面效果，防水处理困难，地震时易在设缝处互相碰撞而造成震害。有鉴于此，目前对缝的处理采用以下新原则：

（1）力争不设；

（2）尽量少设；

（3）非设不可时，数缝结合设置；

（4）如要设缝，则应分得彻底，禁忌"似分不分"；

（5）如不设缝，则要连接牢固。

实践表明，一般高层建筑采取技术措施后，在7、8度区，不设防震缝，可避免局部破坏。日本的做法是，当建筑物超过10层时，任何情况下均不设缝，基础也做成整体。温度、收缩应力的理论计算比较困难。近年来，国内外大多采取不设伸缩缝，而以施工或构造处理的措施来解决收缩应力的问题，建筑物长度可达100m左右，取得了较好的效果，采用以下构造措施和施工措施，可减小温度和收缩影响：

第一，在顶层、底层、山墙和内纵墙端开间等温度变化影响较大的部位提高配筋率；

第二，顶层加强保温隔热措施，外墙设置外保温层；

第三，顶部楼层改用刚度较小的结构形式或顶部设局部温度缝，将结构划分为长度较短的区段；

第四，每30～40m间距，留出施工后浇带，带宽800～1000mm，钢筋可采用搭接接头，后浇带混凝土在一个月后浇筑；

第五，在混凝土中加入适当的外加剂，减少混凝土的收缩；

第六，提高每层楼板的构造配筋率。

建筑体型中影响抗震性能的首要因素是平面，建筑平面应符合以下要求：

① 规则性。

② 对称性。由于地震可能来自任一方向，故建筑平面宜多轴对称，无轴对称不利于抗震。

③ 均匀性。抗震所要求的结构均匀性，即指主要抗侧力结构要布置均匀，质心和刚心重合，以减小扭矩影响。具体设计中应避免虚假对称，所谓虚假对称指建筑平面对称但结构刚度有偏心，即平面对称和刚度均匀相比较，后者更为重要。

④ 密实性。所谓密实性，指结构的平面密度，平面密度越大，则其抗震性能越好。在 RC 结构体系中，剪力墙结构、框 - 剪结构、筒体结构的结构密度较大，故震害较轻，而框架结构由于结构平面密度小，故震害重。

当柱子与剪力墙面积相同时，抗剪强度是相同的，但剪力墙的刚度大，地震时侧向变形小，故震害轻；而柱子则不同，即使结构面积与剪力墙相同，但因刚度小、变形大，故震害较重。

⑤ 刚度。在建筑体型中，刚度是影响抗震的主要因素，不论在竖向或水平方向，任一主轴方向均应有足够的刚度，这样才能保证在地震时结构不致产生过大的变形，从而减轻震害。

(二) 竖向布置要求

在建筑体型中，平面布置和竖向布置是两个重要方面，对于地震区的高层建筑，竖向体型应符合以下原则：

(1) 竖向体型应力求规则、均匀、连续；

(2) 结构的侧向刚度宜下大上小，逐渐均匀变化；

(3) 避免有过大的外挑和内收。

高层建筑都在向多功能发展，多种功能集中在同一幢大楼中，提高了大楼的经济效益和社会效益。但由于各楼层功能不同，故各楼层结构布置亦不同，从而导致结构在竖向不规则，对此，在抗震计算时，应采用进一步的计算分析，以保证薄弱层的安全。高层建筑沿高度方向符合下列情况之一时，即属竖向不规则结构：

(1) 相邻楼层质量比值大于 1.5。

(2) 下一楼层的侧向刚度小于上一楼层的 70%。

(3) 楼层连续 3 层刚度均小于上层的 80%。

（4）楼层层间抗侧力结构的承载力（指在所考虑的水平地震作用方向上，该层全部柱及剪力墙的屈服抗剪强度之和），不宜小于上一层的 80%，不应小于上一层的 65%。

（5）顶层取消部分墙、柱形成空旷房间，底部采用部分框支剪力墙或中部楼层部分剪力墙被取消。

第五章　建筑工程项目施工技术

第一节　模板工程施工

一、模板的形式与构造

按所用材料不同可分为：木模板、钢模板、塑料模板、玻璃钢模板、竹胶板模板、装饰混凝土模板、预应力混凝土模板等。

按模板形式及施工工艺不同可分为：组合式模板（如木模板、组合钢模板）、工具式模板（如大模板、滑模、爬模、飞模、模壳等）、胶合板模板和永久性模板。

按模板规格类型不同可分为：定型模板（定型组合模板，如小钢模）和非定型模板（散装模板）。

(一) 木模板

木材是最早被人们用来制作模板的工程材料，其优点是：制作方便、拼装随意，尤其适用于外形复杂和异形的混凝土构件。此外，因其导热系数小，对混凝土冬期施工有一定的保温作用。

木模板的木材主要采用松木和杉木，其含水率不宜过高，以免干裂，材质不宜低于Ⅲ等材。

木模板的基本元件是拼板，它由板条和拼条（木档）组成。板条厚25～50mm，宽度不宜超过200mm，以保证在干缩时缝隙均匀，浇水后缝隙要严密且板条不翘曲，但梁底板的板条宽度不受限制，以免漏浆。拼条截面尺寸为25mm×35mm～50mm×50mm，拼条间距根据施工荷载的大小及板条的厚度而定，一般取400～500mm。

木模板通常可拼装成以下几种形式：

1. 基础模板

基础模板安装时，要保证上、下模板不发生相对位移。如有杯口，还要在其中放入杯口芯模。当土质良好时，基础的最下一阶可不用模板，进行原槽浇筑。

2. 柱子模板

柱模板由内外拼板组成，内拼板夹在两片相对的外拼板之内。为承受混凝土侧压力，拼板外要设柱箍，其间距与混凝土侧压力、拼板厚度有关，通常上稀下密，间距为 500 ~ 700mm。柱模板底部设有钉在混凝土上的木框，用以固定柱模板的位置。柱模板上部根据需要可开设与梁模板连接的缺口，底部开设清理孔，沿高度每隔约 2m 开设浇注孔。对于独立柱模，四周应加设支撑，以免混凝土浇筑时产生倾斜。

3. 梁模板、楼板模板

梁模板由底模板和侧模板组成。底模板承受垂直荷载，一般较厚，下面有支柱（顶撑）或桁架承托。支柱多为伸缩式，可调节高度，底部应支承在坚实的地面或楼面上，下垫木楔。如地面松软，底部应垫木板，以加大支撑面。在多层建筑施工中，应使上下层的支柱在同一条竖向直线上，否则，要采取措施保证上层支柱的荷载能传到下层支柱上。支柱间应用水平和斜向拉杆拉牢，以增强整体稳定性。当层间高度大于 5m 时，宜用桁架支撑或多层支架支撑，梁侧模板承受混凝土侧压力，为防止侧向变形，底部用夹紧条夹住，顶部可由支承楼板模板的格栅顶住，或用斜撑支牢。

楼板模板多用定型模板或胶合板，它放置在格栅上，格栅支承在梁侧模板外的横楞上。

（二）组合模板

组合模板是一种定型模板，是施工中应用最多的一种模板形式。它由具有一定模数的模板和配件两大部分组成，配件包括连接件和支撑件，这种模板可以拼出多种尺寸和几何形状，可用于建筑物的梁、板、柱、墙、基础等构件施工的需要，也可拼成大模板、滑模、台模等使用。因而这种模板具有轻便灵活、拆装方便、通用性强、周转率高等优点。

1. 板块与角模

钢模板包括平面模板、阳角模板、阴角模板和连接角模。另外还有角楞模板、圆楞模板、梁腋模板等与平面模板配套使用的专用模板。

钢模板采用模数制设计，模板宽度以 50mm 进级，长度以 150mm 进级，可以适应横竖拼装，拼装成以 50mm 进级的任何尺寸的模板，如拼装时出现不足模数的空隙时，用镶嵌木条补缺，用钉子或螺栓将木条与板块边框上的孔洞连接。

为了板块之间便于连接，钢模板边肋上设有"U"形卡连接孔，端部上设有"L"形插销孔，孔径为 13.8mm，孔距 150mm。

连接件包括："U"形卡、"L"形插销、钩头螺栓、紧固螺栓、对拉螺栓和扣件等。

"U"形卡用于相邻模板间的拼接。其安装距离不大于 300mm，即每隔一个孔插一个卡，安装方向一顺一倒相互交错，以抵消"U"形卡可能产生的位移。

"L"形插销插入钢模板端部的插销孔内，以加强两相邻模板接头处的刚度和保证接头处板面平整。

钩头螺栓用于钢模板与内、外钢楞的加固，使之成为整体，安装间距一般不大于 600mm，长度应与采用的钢楞尺寸相适应。

紧固螺栓用于紧固钢模板内、外钢楞，增强组合模板的整体刚度，长度应与采用的钢楞尺寸相适应。

对拉螺栓用于连接墙壁的两侧模板，保持模板与模板之间的设计厚度，并承受混凝土侧压力及水平荷载，使模板不致变形。

扣件用于钢楞与钢楞或钢楞与钢模板之间的扣紧，按钢楞的不同形状，分别采用蝶形扣件和"3"形扣件。

2. 支承件

组合钢模板的支承件包括支撑柱的柱箍、斜撑；支承墙模板的钢楞和斜撑以及支承梁、钢模板的早拆柱头、梁托架、支撑桁架、钢支柱等。桁架用于支承梁、板类结构的模板。通常采用角钢、扁钢和圆钢筋制成，可调节长度，以适应不同跨度使用。一般以两榀为一组，其跨度可调整到 2100～3500mm，荷载较大时，可采用多榀组成排放，并在下弦加设水平支撑，使其相互连接固定，增加侧向刚度。

支柱有钢管支柱和组合四管支柱两种。钢管支柱又称钢支柱，用于大梁、楼板等水平模板的垂直支撑，其规格形式较多，目前常用的有 CH 型和 YJ 型两种。

组合四管支柱由管柱、螺栓千斤顶和托盘等组成，用于大梁、平台、楼板等水平模板的垂直支撑。

托具用来靠墙支承楞木、斜撑、桁架等。用钢筋焊接而成，上面焊接一块钢托板，托具两齿间距为三皮砖厚。在砌体强度达到支模强度时，将托具垂直打入灰缝内。

早拆柱头是近年来发展的一种模板快拆体系，它设置在钢支柱的顶部，可在楼板混凝土浇筑后提早拆除楼面模板，而将钢支柱保留在楼板底面，从而加快模板的周转。

模板成型卡具用于支承梁、柱等的模板，使其成为整体。常用的有柱箍和梁卡具。

柱箍又称柱卡箍、定型夹箍，用于直接支承和夹紧各类柱模的支承件，可根据柱模的外形尺寸和侧压力的大小来选用。

梁卡具又称梁托架，是一种将大梁、过梁等模板夹紧固定的装置，并承受混凝土的侧压力，其种类较多，其中钢管型梁卡具，适用于断面为 700mm × 500mm 以内的梁；扁钢和圆钢组成的梁卡具，适用于断面为 600mm × 500mm 以内的梁，上述两种梁卡具的高度和宽度均可调节。

3. 组合模板的配板

采用定型组合钢模板时需要进行配板设计。由于同一面积的模板可以使用不同规格的平面模板和角模组成各种配板方案，配板设计就是从中找出最佳组配方案。

配板设计时，平面模板的选择应根据所配模板板面的形状、几何尺寸及支撑形式决定。宜优先选用大规格的模板为主板，其他小规格的模板作为补充。模板宜以其长边沿梁、板、墙的长度方向或柱的高度方向排列，以利于使用长度规格大的模板，并扩大钢模板的支撑跨度。如结构的宽度刚好是钢模板长度的整数倍时，也可将钢模板的长边沿结构的短边排列。模板长向接缝宜错开布置，以增加模板的整体刚度。应采取措施减少和避免在钢模板上钻孔，如需设置对拉螺栓或其他拉筋需要在模板上钻孔时，应尽可能使用已钻孔的模板。

进行配板设计之前，先绘制结构构件的展开图，据此绘制配板设计图、连接件和支承系统布置图、细部结构和异型模板详图及特殊部位详图。在配板图上要标明所配板块和角模的规格、位置和数量，并在配板图上标明预埋件和预留孔洞的位置，注明其固定方法。

(三) 大模板

1. 大模板建筑体系

(1) 全现浇的大模板建筑

这种建筑的内墙、外墙全部采用大模板浇筑，结构的整体性好、抗震性强，但施工时外墙模板支设复杂、高空作业工序较多、工期较长。

(2) 现浇与预制相结合的大模板建筑

建筑的内墙采用大模板浇筑，外墙采用预制装配式大型墙板，即"内浇外挂"施工工艺。

这种结构简化了施工工序，减少了高空作业和外墙板的装饰工程量，缩短了工期。

(3) 现浇与砌筑相结合的大模板建筑

建筑的内墙采用大模板浇筑，外墙采用普通黏土砖墙。这种结构适用于建造 6 层以下的民用建筑，较砖混结构的整体性好，内装饰工程量小、工期较短。

2. 大模板的构造

(1) 面板

面板是直接与混凝土接触的部分，通常采用钢面板（用 3 ~ 5mm 厚的钢板制成）或胶合板面板（用 7 ~ 9 层胶合板制成）。面板要求板面平整、拼缝严密、具有足够的刚度。

(2) 加劲肋

加劲肋的作用是固定面板，可做成水平肋或垂直肋。加劲肋把混凝土传给面板的侧压力传递到竖楞上。加劲肋与金属面板焊接固定，与胶合板面板可用螺栓固定。

（3）竖楞

竖楞的作用是加强大模板的整体刚度，承受模板传来的混凝侧压力和垂直力，并作为穿墙螺栓的支点。

（4）支撑桁架与稳定结构

支撑桁架用螺栓或焊接与竖楞连接在一起，其作用是承受风荷载等水平力，防止大模板倾覆。桁架上部可搭设操作平台。

稳定机构是在大模板两端桁架底部伸出的支腿上设置的可调整螺旋千斤顶。在模板使用阶段，用以调整模板的垂直度，并把作用力传递到地面或楼板上；在模板堆放时，用来调整模板的倾斜度，以保证模板的稳定。

（5）操作平台

操作平台是施工人员操作场所，有两种做法：

① 将脚手板直接铺在支撑桁架的水平弦杆上形成操作平台，外侧设栏杆。这种操作平台工作面较小，但投资少，装拆方便。

② 在两道横墙之间的大模板的边框上用角钢连成为格栅，在其上满铺脚手板。优点是施工安全，但耗钢量大。

（6）穿墙螺栓

穿墙螺栓的作用是控制模板间距，承受新浇混凝土的侧压力，并能加强模板刚度。为了避免穿墙螺栓与混凝土黏结，在穿墙螺栓外边套一根硬塑料管或穿孔的混凝土垫块，其长度为墙体宽度。穿墙螺栓一般设置在大模板的上、中、下三个部位，上穿墙螺栓距模板顶部250mm左右，下穿墙螺栓距模板底部200mm左右。

（7）滑升模板

滑升模板是随着混凝土的浇筑而沿结构或构件表面向上垂直移动的模板。施工时在建筑物或构筑物的底部，按照建筑物或构筑物平面，沿其结构周边安装高1.2m左右的模板和操作平台，随着向模板内不断分层浇筑混凝土，利用液压提升设备不断使模板向上滑升，使结构连续成型，逐步完成建筑物或构筑物的混凝土浇筑工作。液压滑升模板适用于各种构筑物如烟囱、筒仓等施工，也可用于现浇框架、剪力墙、筒体等结构施工。

采用液压滑升模板可大量节约模板，提高了施工机械化程度。但液压滑升模板耗钢量大，一次投资费用较多。

液压滑升模板由模板系统、操作平台系统及液压提升系统组成。

(8) 爬升模板

爬升模板是在混凝土墙体浇筑完毕后，利用提升装置将模板自行提升到上一个楼层，浇筑上一层墙体的垂直移动式模板。爬升模板采用整片式大平模，模板由面板及肋组成，而不需要支撑系统；提升设备采用电动螺杆提升机、液压千斤顶或导链。爬升模板是将大模板工艺和滑升模板工艺相结合，既保持大模板施工墙面平整的优点，又保持滑模利用自身设备使模板向上提升的优点，墙体模板能自行爬升而不依赖塔吊。爬升模板适用于高层建筑墙体、电梯井壁、管道间混凝土施工。爬升模板由钢模板、提升架和提升装置三部分组成。

(9) 台模

台模是浇筑钢筋混凝土楼板的一种大型工具式模板。在施工中可以整体脱模和转运，利用起重机从浇筑完的楼板下吊出，转移至上一楼层，中途不再落地，所以亦称"飞模"。

台模适用于各种结构的现浇混凝土小开间、小进深的现浇楼板，单座台模面板的面积从 2 ~ 6m² 到 60m² 以上。台模整体性好，混凝土表面容易平整，施工进度快。

台模由台面、支架（支柱）、支腿、调节装置、行走轮等组成。

台面是直接接触混凝土的部件，表面应平整光滑，具有较高的强度和刚度。目前常用的面板有钢板、胶合板、铝合金板、工程塑料板及木板等。

台模按其支架结构类型分为立柱式台模、桁架式台模、悬架式台模等。

(10) 隧道模

隧道模是将楼板和墙体一次支模的一种工具式模板，相当于将台模和大模板组合起来。隧道模有断面呈"Ⅱ"字形的整体式隧道模和断面呈"T"形的双拼式隧道模两种。整体式隧道模自重大、移动困难，目前已很少应用；双拼式隧道模应用较广泛，特别在内浇外挂和内浇外砌的高、多层建筑中应用较多。

双拼式隧道模由两个半隧道模和一道独立的插入模板组成。在两个半隧道模之间加一道独立的模板，用其宽度的变化，使隧道模适应于不同的开间；在不拆除中间模板的情况下，半隧道模可提早拆除，增加周转次数。半隧道模的竖向墙模板和水平楼板模板间用斜撑连接。在半隧道模下部设行走装置，在模板长方向，沿墙模板设两个行走轮，设置两个千斤顶，模板就位后，这两个千斤顶将模板顶起，使行走轮离开楼板，施工荷载全部由千斤顶承担。脱模时，松动两个千斤顶，半隧道模在自重作用下，下降脱模，行走轮落到楼板上。

半隧道模脱模后，用专用吊架吊出，吊升至上一楼层。将吊架从半隧模的一端插入墙模板与斜撑之间，吊钩慢慢起钩，将半隧道模托起，托挂在吊架上，吊到上一楼层。

二、模板的安装与拆除

(一) 模板安装

模板安装在组织上应做好分层分段流水施工，确定模板安装顺序，加速模板的周转使用。

模板与混凝土的接触面应清理干净并涂刷隔离剂。木模板在浇筑混凝土前应浇水湿润。竖向模板和支架的支承部分，当安装在基土上时，应设垫板，且基土必须坚实并有排水措施；对湿陷性黄土，必须有防水措施；对冻胀土，必须有防冻融措施。模板及其支架在安装过程中，必须设置防倾覆的临时固定措施。

现浇钢筋混凝土梁、板，当跨度大于等于4m时，模板应起拱，当设计无具体要求时，起拱高度宜为全跨长的 1/1000～3/1000（钢模 1/1000～2/1000，木模 1.5/1000～3/1000）。

现浇多层房屋和构筑物，应采取分层分段支模的方法。安装上层模板及其支架应符合下列规定：

(1) 下层模板应具有承受上层荷载的承载能力或加设支架支撑。

(2) 上层支架的立柱应对准下层支架的立柱，并铺设垫板。

(3) 当采用悬吊模板、桁架支模方法时，其支撑结构的承载能力和刚度必须符合要求。

当层间高度大于5m时，宜选用桁架支模或多层支架支模。当采用多层支架支模时，支架的横垫板应平整，支柱应垂直，上下层支柱应在同一竖向中心线上。

当采用分节脱模时，底模的支点按模板设计设置，各节模板应在同一平面上，高低差不得超过 3mm。

模板安装后应仔细检查各部构件是否牢固，在浇混凝土过程中要经常检查，如发现变形、松动等现象，要及时修整加固。固定在模板上的预埋件和预留孔洞均不得遗漏，且应安装牢固，位置准确。

组合钢模板在浇混凝土前，还应检查下列内容：

（1）扣件规格与对拉螺栓、钢楞的配套和紧固情况。

（2）斜撑、支柱的数量和着力点。

（3）钢楞、对拉螺栓及支柱的间距。

（4）各种预埋件和预留孔洞的规格尺寸、数量、位置及固定情况。

（5）模板结构的整体稳定性。

（二）模板拆除

现浇结构的模板及其支架拆除时的混凝土强度，应符合设计要求，当设计无要求时，应符合下列规定：

侧面模板：一般在混凝土强度能保证其表面及棱角不因拆除模板而受损坏后，方可拆除。

底面模板及支架：对混凝土的强度要求较严格，应符合设计要求；当设计无具体要求时，混凝土强度应符合表 5-1 规定后，方可拆除。

表 5-1　底模拆除时的混凝土强度要求

构件类型	构件跨度（m）	达到设计的混凝土立方体抗压强度标准值的百分率（%）
板	≤ 2	≥ 50
	> 2，≤ 8	≥ 75
	> 8	≥ 100
梁、拱、壳	≤ 8	≥ 75
	> 8	≥ 100
悬臂结构	—	≥ 100

拆模程序一般应是后支的先拆，先支的后拆；先拆非承重部分，后拆承重部分。重大复杂模板的拆除，应事先制定拆除方案。

拆除跨度较大的梁下支柱时，应先从跨中开始，分别拆向两端。

多层楼板支柱的拆除，应按下列规定进行：

（1）楼板正在浇筑混凝土时，下一层楼板的模板支柱不得拆除。

（2）在下层楼板模板的支柱，仅可拆除一部分。跨度大于等于 4m 的梁下均应保留支柱，其间距不得小于 3m。

（3）再下层的楼板模板支柱，当楼板混凝土强度达到设计强度时，可以全部拆除。

工具式支模的梁模板、板模板的拆除，事先应搭设轻便稳固的脚手架。拆模时应先拆卡具、顺口方木、侧模，再松动木楔，使支柱、桁架平稳下降，逐段抽出底模板和底楞木，最后取下桁架、支柱、托具等。

快速施工的高层建筑的梁和楼板模板，其底模及支柱的拆除时间，应对所用混凝土的强度发展情况分层进行核算，确保下层楼板及梁能安全承载。

在拆除模板过程中，如发现混凝土有影响结构安全的质量问题时，应暂停拆除。经过处理后，方可继续拆除。

已拆除模板及其支架的结构，应在混凝土强度达到设计强度后，才允许承受全部计算荷载。当承受施工荷载大于计算荷载时，必须经过核算，加设临时支撑。

拆模时不要过急，不可用力过猛，不应对楼层形成冲击荷载。拆下来的模板和支架宜分类堆放并及时清运。

第二节 钢筋工程施工

一、钢筋的种类与验收

混凝土结构用的普通钢筋可分为两类：热轧钢筋和冷加工钢筋（冷轧带肋钢筋、冷轧钢筋、冷拔螺旋钢筋等），余热处理钢筋属于热轧钢筋一类。热轧钢筋的强度等级按照屈服强度（MPa）分为 HPB300 级、HRB335 级、HRB400 级和 HRB500 级。

热轧钢筋是经热轧成型并自然冷却的成品钢筋，分为热轧光圆钢筋和热轧带肋钢筋两种。余热处理钢筋是热轧钢筋经热轧后立即穿水，进行表面控制冷却，然后利用芯部余热自身完成回火处理所得的成品钢筋。冷轧带肋钢筋是热轧圆盘条经冷轧或冷拔减径后在其表面冷轧成二面或三面有肋的钢筋。冷轧带肋钢筋的强度，可分为三种等级：550级、650级及800级（MPa）。其中，550级钢筋宜用于钢筋混凝土结构构件中的受力钢筋、架立筋、箍筋及构造钢筋；650级和800级宜用于中小型预应力混凝土构件中的受力主筋。冷轧扭钢筋是用低碳钢钢筋（含碳量低于0.25%）经冷轧扭工艺制成，其表面呈连续螺旋形，这种钢筋具有较高的强度，而且有足够的塑性，与混凝土黏结性能优异，代替HPB300级钢筋可节约钢材约30%，一般用于预制钢筋混凝土圆孔板、叠合板中预制薄板以及现浇钢筋混凝土楼板等。冷拔螺旋钢筋是热轧圆盘条经冷拔后在表面形成连续螺旋槽的钢筋。

钢筋混凝土结构中所用的钢筋都应有出厂质量证明或试验报告单，每捆（盘）钢筋均应有标牌。进场时应按批号及直径分批验收。验收的内容包括查对标牌、外观检查，并按有关标准的规定抽取试样作力学性能试验，合格后方可使用。

对有抗震设防要求的结构，其纵向受力钢筋的性能应满足设计要求；当设计无具体要求时，对按一、二、三级抗震等级设计的框架和斜撑构件（含梯段）中的纵向受力钢筋应采用HRB335E、HRB400E、HRB500E、HRBF335E、HRBF400E或HRBF500E钢筋，其强度和最大力下总伸长率的实测值应符合下列规定：

（1）钢筋的抗拉强度实测值与屈服强度实测值的比值不应小于1.25；

（2）钢筋的屈服强度实测值与屈服强度标准值的比值不应大于1.30；

（3）钢筋的最大力下总伸长率不应小于9%。

当钢筋运进施工现场后，必须严格按批分等级、牌号、直径、长度挂牌存放，并注明数量，不得混淆。钢筋应尽量堆入仓库或料棚内。条件不具备时，应选择地势较高、土质坚实、较为平坦的露天场地存放。在仓库或场地周围挖排水沟，以利泄水。堆放时钢筋下面要加垫木，离地不宜少于200mm，以防钢筋锈蚀和污染。钢筋成品要分工程名称和构件名称，按号码顺序存放。同一项工程与同一构件的钢筋要存放在一起，按号挂牌排列，牌上注明构件名称、部位、钢筋类型、尺寸、钢号、直径、根数。不能将几项工程的钢筋混放在一起，同时不要和产生有害气体的车间靠近，以免污染和腐蚀钢筋。

二、钢筋的加工

钢筋的加工有钢筋除锈、钢筋调直、钢筋下料剪切及钢筋弯曲成型，钢筋加工宜在常温状态下进行，加工过程中不应加热钢筋。钢筋弯折应一次完成，不得反复弯折。此外钢筋属于隐蔽性工程，在浇筑混凝土之前应对钢筋及预埋件进行验收，并做好隐蔽工程记录。

(一) 钢筋除锈

钢筋的表面应清洁、无损伤，油渍、漆污和铁锈应在加工前清除干净。带有颗粒状或片状老锈的钢筋不得使用。钢筋除锈后如有严重的表面缺陷，应重新检验该批钢筋的力学性能及其他相关性能指标。钢筋除锈一般可以通过以下两个途径：大量钢筋除锈可通过钢筋冷拉或钢筋调直机调直过程中完成；少量的钢筋局部除锈可采用电动除锈机或人工用钢丝刷、砂盘以及喷砂、酸洗等方法进行。

(二) 钢筋调直

钢筋调直方法很多，常用的方法是使用卷扬机拉直和用调直机调直。钢筋宜采用无延伸功能的机械设备进行调直，也可采用冷拉方法调直。当采用冷拉方法调直时，HRB300 光圆钢筋的冷拉率不宜大于 4%；HRB335、HRB400、HRB500、HRBF335、HRBF400、HRBF500 及 RRB400 带肋钢筋的冷拉率不宜大于 1%。钢筋调直过程中不应损伤带肋钢筋的横肋。调直后的钢筋应平直，不应有局部弯折。

(三) 钢筋下料剪切

切断前，应将同规格钢筋长短搭配，统筹安排，一般先断长料，后断短料，以减少断头和损耗。钢筋切断可用钢筋切断机或手动剪切器。

(四)钢筋弯曲成型

钢筋弯曲的顺序是画线、试弯、弯曲成型。画线主要根据不同的弯曲角在钢筋上标出弯折的部位，以外包尺寸为依据，扣除弯曲量度差值。钢筋弯曲有人工弯曲和机械弯曲。

(五)钢筋安装检查

钢筋属于隐蔽性工程，在浇筑混凝土之前应对钢筋及预埋件进行验收，并做好隐蔽工程记录。

安装钢筋前，施工人员必须熟悉施工图纸，合理安排钢筋安装顺序，检查钢筋品种、级别、规格、数量是否符合设计要求。

钢筋应绑扎牢固，防止钢筋移位。板和墙的钢筋网，除靠近外围两行钢筋的交叉点全部扎牢外，中间部分交叉点可间隔交错绑扎，但必须保证受力钢筋不产生位置偏移；对双向受力钢筋，必须全部绑扎牢固。

梁和柱的箍筋，除设计有特殊要求外，应与受力钢筋垂直设置；箍筋弯钩叠合处，应沿受力钢筋方向错开设置。在柱中竖向钢筋搭接时，角部钢筋的弯钩平面与模板面的夹角，对矩形柱夹角应为 45°，对多边形柱应为模板内角的平分角；对圆形柱钢筋的弯钩平面应与模板的切线平面垂直；中间钢筋的弯钩平面应与模板面垂直；当采用插入式振捣器浇筑小型截面柱时，弯钩平面与模板面的夹角不得小于 15°。板、次梁与主梁交接处，板的钢筋在上，次梁钢筋居中，主梁钢筋在下；主梁与圈梁交接处，主梁钢筋在上，圈梁钢筋在下，绑扎时切不可放错位置。安装钢筋时，配置的钢筋品种、级别、规格和数量必须符合设计图纸的要求。

三、钢筋的连接

钢筋连接方法：绑扎连接、焊接连接和机械连接。

(一)钢筋的绑扎连接

绑扎连接要求：同一构件中相邻纵向受力钢筋的绑扎搭接接头宜相互错开。绑扎搭接接头中钢筋的横向净距不应小于钢筋直径，且不应小于 25mm。

钢筋绑扎搭接接头连接区段的长度为 1.3l（l 为搭接长度），凡搭接接头中点位于该连接区段长度内的搭接接头均属于同一连接区段。同一连接区段内，纵向钢筋搭接接头面积百分率为该区段内有搭接接头的纵向受力钢筋截面面积与全部纵向受力钢筋截面面积的比值。同一连接区段内，纵向受拉钢筋搭接接头面积百分率应符合设计要求，无设计具体要求时，应符合下列规定：

（1）对梁类、板类构件，不宜超过 25%，基础筏板不宜超过 50%。

（2）对柱类构件，不宜超过 50%。

（3）当工程中确有必要增大接头面积百分率时，对梁类构件，不应超过 50%；对其他构件可根据实际情况放宽。

（二）钢筋的焊接连接

钢筋焊接代替钢筋绑扎，可节约钢材、改善结构受力性能、提高工效、降低成本。钢筋焊接分为压焊和熔焊两种形式，压焊包括闪光对焊、电阻点焊、气压焊，熔焊包括电弧焊、电渣压力焊、埋弧压力焊等。

（三）钢筋的机械连接

钢筋机械连接是指通过连接件的机械咬合作用或钢筋端面的承压作用，将一根钢筋的力传递至另一根钢筋的连接方法。

钢筋机械连接方法，主要有套筒挤压连接、螺纹套筒接头、钢筋镦粗直螺纹套筒连接、钢筋滚轧直螺纹套筒连接（直接滚轧、挤肋滚轧、剥肋滚轧）等。经过工程实践证明，钢筋锥螺纹套筒连接和钢筋套筒挤压连接，是目前工艺比较成熟、深受工程单位欢迎的连接接头形式，适用于大直径钢筋的现场连接。

第三节　混凝土工程

一、混凝土工程概述

混凝土工程是指涵盖从混凝土材料的设计、制备、运输、浇筑到养护等一系列施工活动的系统工程。在建筑施工中占据核心地位，广泛应用于房屋建筑、桥梁、道路、隧道、水坝等各种基础设施建设项目中。具体而言，混凝土工程涉及根据工程需求选择合适的混凝土配比和强度等级，确保结构的安全性、耐久性和经济性；按设计要求将水泥、砂、石子、水及必要外加剂混合均匀，形成具有流动性和可塑性的拌合物；再将其运输至施工现场，浇入模板，并通过振动等方法排除气泡，使混凝土密实；在浇筑完成后，混凝土需经过适当时间的养护，以达到预期的硬化效果，并最终通过质量检测，确保结构符合设计和规范要求。

二、混凝土施工

(一) 混凝土制备

混凝土的配制除应保证结构设计对混凝土强度等级的要求外，还要保证施工对混凝土和易性的要求，并符合合理使用材料、节约水泥的原则。必要时，还应符合抗冻性、抗渗性等要求。

影响混凝土配制质量的因素主要有两个方面，一是称量不准，二是未按砂、石骨料实际含水率的变化进行施工配合比的换算。这样必然会改变原理论配合比的水灰比、砂石比 (含砂率) 及浆骨比。当水灰比增大时，混凝土黏聚性、保水性差，而且硬化后多余的水分残留在混凝土中形成水泡，或水分蒸发留下气孔，使混凝土密实性差、强度低。当水灰比减少时，则混凝土流动性差，甚至影响成型后的密实，造成混凝土结构内部松散，表面产生蜂窝、麻面现象。同样，含砂率减少时，则砂浆量不足，不仅会降低混凝土流动性，更严重的是将影响其黏聚性及保水性，产生粗骨料离析，水泥浆流失，甚至溃散等不良现象。浆骨比是反映混凝土中水泥浆的用量多少 (每立方米混凝土的用水量和水泥用量)，如控制不准，亦直接影响混凝土的水灰比和流动性。所以，为了确保混凝土的质量，在施工中必须及时进行施工配合比的换算和严格控制称量。

混凝土的配合比是在实验室根据混凝土的施工配制强度经过试配和调整而确定的，称为实验室配合比。

实验室配合比所用的砂、石都是不含水分的，而施工现场的砂、石一般都含有一定的水分，且砂、石含水量的大小随当地气候条件不断发生变化。为保证混凝土配合比的准确，在施工中应适当扣除使用砂、石的含水量，经调整后的配合比，称为施工配合比。

1. 施工配料

求出每立方米混凝土材料用量后，还必须根据工地现有搅拌机出料容量确定每次需用几整袋水泥，然后按水泥用量来计算砂石的每次拌用量。为严格控制混凝土的配合比，原材料的计量应按重量计，水和液体外加剂可按体积计。其计量结果偏差不得超过以下规定：水泥、掺和料、水、外加剂为 ±2%；粗细骨料为 ±3%。各种衡量器应定期校验，保持准确，骨料含水量应经常测定，雨天施工时，应增加测定次数。

2. 搅拌机械

(1) 搅拌机械的工作原理

混凝土搅拌的目的是使混凝土中的各组分混合成一种各物料颗粒相互分散、均匀分布的混合物。搅拌好的混凝土是否质地均匀，可通过从混凝土中随机抽取一定数量的试样进行分析来评定，如果各试样的配合比基本相同，便可认为该混凝土已混合均匀了。

为了使混凝土中的各组分混合均匀，必须在搅拌过程中使每一组分的颗粒能分散到其他各种组分中，因此，必须设法使各组分都产生运动，并使它们的运动轨迹相交，相交次数越多，混凝土越易混合均匀。根据迫使各组分产生相交运动轨迹的方法不同，普通混凝土搅拌机设计时所依据的搅拌机理基本上有两种：

自落式扩散机理：它是将物料提升到一定高度后，利用重力的作用，自由落下，由于各物料颗粒下落的高度、时间、速度、落点和滚动距离不同，从而使物料颗粒相互穿插、渗透、扩散，最后达到分散均匀的目的，由于物料的分散过程主要是利用重力作用，故又称重力扩散机理，自落式混凝土搅拌机就是根据这种机理设计的。

强制式扩散机理：它是利用运动着的叶片强迫物料颗粒分别从各个方向（环向、径向和竖向）产生运动，使各物料颗粒运动的方向、速度不同，相互之间产生剪切滑移以致相互穿插、扩散，从而使各物料均匀混合。由于物料的扩散过程主要是利用物料颗粒相互间的剪切滑移作用，故又称剪切扩散机理。强制式混凝土搅拌机就是根据这种机理设计而成的。

（2）搅拌机械的类型与选用

普通混凝土搅拌机一般由搅拌筒、上料装置、卸料装置、传动装置和供水系统等主要组成部分所组成。普通混凝土搅拌机根据其设计时使用的搅拌机理，可分为自落式搅拌机和强制式搅拌机两大类。

自落式搅拌机搅拌筒内壁装有叶片，搅拌筒旋转，叶片将物料提升一定高度后自由下落，各物料颗粒分散拌和均匀，是重力拌和原理。自落式搅拌机搅拌强度不大、效率低，只适于搅拌一般骨料的塑性混凝土。

强制式搅拌机分立轴式和卧轴式两类。强制式搅拌机在轴上装有叶片，通过叶片强制搅拌装在搅拌筒中的物料，使物料沿环向、径向和竖向运动，拌和强烈。强制式搅拌机搅拌质量好、效率高，多用于搅拌干硬性混凝土、低流动性混凝土和轻骨料混凝土。

混凝土搅拌机常以其出料容量（m³）×1000 标定规格，常用 150、250、350L 等数种。选择搅拌机型号，要根据工程量大小、混凝土的坍落度和骨料尺寸等确定。既要满足技术上的要求，亦要考虑经济效果和节约能源。

3. 搅拌制度

为了获得均匀优质的混凝土拌和物，除合理选择搅拌机的型号外还必须正确地确定搅拌制度。搅拌制度包括进料容量、投料顺序及搅拌时间。搅拌制度将直接影响到混凝土的搅拌质量和搅拌机的工作效率。

（1）搅拌时间

搅拌时间是从全部材料投入搅拌筒起，到开始卸料为止所经历的时间。它与搅拌质量密切相关。搅拌时间过短，混凝土不均匀，强度及和易性将下降；搅拌时间过长，不但降低搅拌机的生产效率，同时会使不坚硬的粗骨料，在大容量搅拌机中因脱角、破碎等而影响混凝土的质量。对于加气混凝土也会因搅拌时间过长而使所含气泡减少。混凝土宜采用强制式搅拌机搅拌，并应搅拌均匀。搅拌强度等级等于大于 C60 的混凝土时，搅拌时间应适当延长。

（2）投料的顺序

投料的顺序应从提高搅拌质量，减少叶片、衬板的磨损，减少拌和物与搅拌筒的黏结，减少水泥飞扬，提高工作环境，提高混凝土强度，节约水泥等方面综合考虑确定。常用一次投料法和二次投料法，另外还有水泥裹砂法。

一次投料法。这是目前最普遍采用的方法。它是将砂、石、水泥和水一起同时加入搅拌筒中进行搅拌，为了减少水泥的飞扬和水泥的黏罐现象，对自落式搅拌机常采用的投料顺序是将水泥夹在砂、石之间，最后加水搅拌。

二次投料法。它又分为预拌水泥砂浆法和预拌水泥净浆法。

预拌水泥砂浆法是先将水泥、砂和水加入搅拌筒内进行充分搅拌，成为均匀的水泥砂浆后，再加入石子搅拌成均匀的混凝土。

预拌水泥净浆法是先将水泥和水充分搅拌成均匀的水泥净浆后，再加入砂和石搅拌成混凝土。

国内外的试验表明，二次投料法搅拌的混凝土与一次投料法相比较，混凝土强度可提高约15%，在强度等级相同的情况下可节约水泥15%～20%。

水泥裹砂法。又称 SEC 法，采用这种方法拌制的混凝土称为 SEC 混凝土或造壳混凝土。该法的搅拌程序是先加一定量的水使砂表面的含水量调到某一规定的数值后（一般为15%～25%），再加入石子并与湿砂拌匀，然后将全部水泥投入与砂石共同拌和使水泥在砂石表面形成一层低水灰比的水泥浆壳，最后将剩余的水和外加剂加入搅拌成混凝土。采用 SEC 法制备的混凝土与一次投料法相比较，强度可提高20%～30%，混凝土不易产生离析和泌水现象，工作性好。

（3）进料容量

搅拌机的容量有三种表示方式，即出料容量、进料容量和几何容量。出料容量也即公称容量，是搅拌机每次从搅拌筒内可卸出的最大混凝土体积，几何容量则是指搅拌筒内的几何容积，而进料容量是指搅拌前搅拌筒可容纳的各种原材料的累计体积。出料容量与进料容量间的比值称为出料系数，其值一般为 0.60～0.70，通常取 0.67。进料容量与几何容量的比值称为搅拌筒的利用系数，其值一般为 0.22～0.40。我国规定以搅拌机的出料容量来标定其规格。不同类型的搅拌机都有一定的进料容量，如果装料的松散体积超过额定进料容量的一定值（10% 以上）后，就会使搅拌筒内无充分的空间进行拌和，影响混凝土搅拌的均匀性。但数量也不宜过少，否则会降低搅拌机的生产率。故一次投料量应控制在搅拌机的额定进料容量以内。

（二）混凝土的运输

混凝土从拌制地点运往浇筑地点有多种运输方法，选用时应根据建筑物的结构特点、混凝土的总运输量与每日所需的运输量、水平及垂直运输的距离、现有设备情况以及气候、地形、道路条件等因素综合考虑。不论采用何种运输方法，在运输混凝土的工作中，都应满足下列要求：在混凝土运输过程中，应控制混凝土运至浇筑地点后，不离析、不分层，组成成分不发生变化，并能保证施工所必需的稠度。混凝土运送至浇筑地点，如混凝土拌和物出现离析或分层现象，应进行二次搅拌；运送混凝土的容器和管道，应不吸水、不漏浆，并保证卸料及输送通畅。容器和管道在冬季应有保温措施，夏季最高气温超过40℃时，应有隔热措施。混凝土拌和物运至浇筑地点时的温度，最高不超过35℃，最低不低于5℃。混凝土运至浇筑地点时，应检测其坍落度，所测值应符合设计和施工要求。

混凝土运输机具的种类很多，一般可分为间歇式运输机具和连续式运输机具两大类，可根据施工条件进行选用。常用的混凝土运输机具有：机动翻斗车、混凝土搅拌输送车、混凝土泵和垂直运输设备。

1. 机动翻斗车

机动翻斗车是施工场地内进行运输混凝土的常用机具，它具有操作灵活、运输快捷、卸料方便、适应性强等优点。

2. 混凝土搅拌运输车

混凝土搅拌运输车是一种用于长距离输运混凝土的高效能机械。它是将运送混凝土的搅拌筒安装在汽车底盘上，在运输途中混凝土搅拌筒始终在不停地缓慢旋转，既可以运送已拌和好的混凝土拌和料，也可以将混凝土干料装入筒内，在行驶中将水加入搅拌，以减少长途输送引起的混凝土坍落度损失。

混凝土搅拌运输车的搅拌桶呈梨形，由筒体、螺旋叶片、进料圆筒、枢轴和链轮等组成。搅拌筒的轴线与水平呈16°~20°夹角。搅拌筒内从筒口至筒底对称地焊有两条螺旋叶片，正转时，可进行加料，同时加入的拌和料被推向筒底得到搅拌；反转时，螺旋叶片将混凝土推向筒口被卸出。

3. 混凝土泵

混凝土泵具有可连续浇筑、加快施工速度、保证工程质量、特别适合狭窄施工场所施工、较高的技术经济效果等优点。我国在高层、超高层的建筑、桥梁、水塔、烟囱、隧道和大型混凝土结构的施工中已广泛应用。

将混凝土泵装在汽车上变成为混凝土泵车，在车上还装有可以伸缩或曲折的"布料杆"，其末端是一软管，可将混凝土直接送到浇筑地点，使用十分方便。

采用混凝土泵运送混凝土，必须做到：混凝土泵必须保持连续工作。输送管道宜直，转弯宜缓，接头应严密。泵送混凝土之前，应预先用水泥砂浆润滑管道内壁，以防堵塞。受料斗内应有足够的混凝土，以防止吸入空气阻塞输送管道。

4. 垂直运输设备

施工现场的混凝土垂直运输，可利用塔式起重机、井架、施工升降机（施工电梯）等起重设备。利用塔式起重机，应配备相应的混凝土吊罐式吊斗；利用井架、施工升降机时，可将装载混凝土的手推车直接推入吊盘中，运送到混凝土浇筑面。

（三）混凝土浇捣

1. 混凝土的浇筑

浇筑混凝土前，应检查和控制模板、钢筋、保护层和预埋件等的尺寸、规格、数量和位置，其偏差值应符合现行国家标准《混凝土结构工程施工质量验收规范》的规定。此外，还应检查模板支撑的稳定性以及接缝的密合情况。模板和隐蔽项目应分别进行预检和隐检验收，符合要求时，方可进行浇筑。

混凝土浇筑应注意的几个问题：

（1）防止离析

混凝土自由倾落高度应符合以下规定：对于素混凝土或少筋混凝土，由料斗、漏斗进行浇筑时，不应超过2m；对于竖向结构（如柱、墙），粗骨料粒径大于25mm时，浇筑混凝土的高度不超过3m，粗骨料粒径小于等于25mm时，浇筑混凝土的高度不超过6m；对于配筋较密或不便捣实的结构，不宜超过 60cm。否则,应采用串筒、溜槽和振动串筒下料,以防产生离析。

(2) 混凝土施工缝与后浇带的施工

施工缝的留设与处理。在混凝土浇筑过程中,若因技术上的原因或设备、人力的限制,混凝土不能连续浇筑,中间的间歇时间超过混凝土初凝时间,则应留置施工缝。留置施工缝的位置应事先确定。由于施工缝处新旧混凝土的结合力较差,是构件中的薄弱环节,故宜留置在结构剪力较小且便于施工的部位。柱应留水平缝,梁、板应留垂直缝。

根据施工缝留置的原则,柱子的施工缝宜留在基础的顶面、梁或吊车梁牛腿的下面、吊车梁的上面、无梁楼盖柱帽的下面。框架结构中,如果梁的负筋向下弯入柱内,施工缝也可设置在这些钢筋的下端,以便于绑扎。和板连成整体的大断面梁,应留在楼板底面以下 20 ~ 30mm 处,当板下有梁托时,留在梁托下部;单向平板的施工缝,可留在平行于短边的任何位置处;有主次梁的楼板结构,宜顺着次梁方向浇筑,施工缝应留在次梁跨度中间 1/3 范围内。楼梯应留在楼梯长度中间 1/3 长度范围内。墙可留在门洞口过梁跨中 1/3 范围内,也可留在纵横墙的交接处。

在施工缝处继续浇筑混凝土时,应待混凝土的抗压强度不小于 1.2N/mm² 方可进行。混凝土达到这一强度的时间决定于水泥强度、混凝土强度等级、气温等,可以根据试块试验确定,也可查阅有关手册确定。

施工缝处浇筑混凝土之前,应除去表面的水泥薄膜、松动的石子和软弱的混凝土层,并加以充分湿润和冲洗干净,不得积水。浇筑时,施工缝处宜先铺水泥浆(水泥:水 =1:0.4)或与混凝土成分相同的水泥砂浆一层,厚度为 10 ~ 15mm,以保证接缝的质量。浇筑混凝土过程中,施工缝应细致捣实,使其结合紧密。

后浇带是为在现浇钢筋混凝土过程中,克服由于温度收缩而可能产生有害裂缝而设置的临时施工缝。该缝需根据设计要求保留一段时间后再浇筑,将整个结构连成整体。

后浇带的距离设置,应考虑在有效降低温差和收缩应力条件下,通过计算来确定。在正常的施工条件下,一般规定是:如混凝土置于室内和土中,则为 30m;如在露天,则为 20m。

后浇带的保留时间应根据设计确定,若设计无要求时,一般应至少保留

28d。后浇带的宽度一般为 700～1000mm，后浇带内的钢筋应完好保存。

后浇带在浇筑混凝土前，必须将整个混凝土表面按照施工缝的要求进行处理。填充后浇带混凝土可采用微膨胀或无收缩水泥，也可采用普通水泥加入相应的外加剂拌制，但必须要求混凝土的强度等级比原结构强度提高一级，并保持至少 15d 的湿润养护。

（3）分层浇注

为了使混凝土上下层结合良好并振捣密实，混凝土必须分层浇筑。为保证混凝土的整体性，浇筑工作应连续进行。当由于技术上或施工组织上的原因必须间歇时，其间歇的时间应尽可能缩短，并保证在前层混凝土初凝之前，将次层混凝土浇筑完毕。其间歇的最长时间，应按所用水泥品种、混凝土强度等级及施工气温确定。

在混凝土浇筑过程中，应时刻观察模板及其支架、钢筋、预埋件及预留孔洞的情况，当发现有不正常的变形、移位时，应及时采取措施进行处理，以保证混凝土的施工质量。在混凝土浇筑过程中，应及时认真填写施工记录，这是施工验收的基本依据，也是保证混凝土质量的重要措施。

结构混凝土的强度等级必须符合设计要求。用于检查结构构件混凝土强度的试件，应在混凝土的浇筑地点随机抽取。取样与试件留置应符合下列规定：每拌制 100 盘且不超过 100m³ 的同配合比的混凝土，其取样不得少于一次。每工作班拌制的同配合比的混凝土不足 100 盘时，其取样不得少于一次。当一次连续浇筑超过 1000m³ 时，同一配合比的混凝土每 200m³ 取样不得少于一次。每一现浇楼层、同配合比的混凝土，其取样不得少于一次。

每次取样应至少留置一组标准试件，同条件养护试件的留置组数根据实际需要确定。对有抗渗要求的混凝土结构，其混凝土试件应在浇筑地点随机取样。同一工程、同一配合比的混凝土，取样不应少于一次。留置组数可根据实际需要而确定。

每组 3 个试件应在同盘混凝土中取样制作，并按下列规定确定该组试件的混凝土强度代表值：取 3 个试件强度的平均值。当 3 个试件强度中的最大值或最小值之一与中间值之差超过中间值的 15% 时，取中间值。当 3 个试件强度中的最大值和最小值与中间值之差均超过 15% 时，该组试件不应作为强度评定的依据。

混凝土结构强度的评定应按下列要求进行：混凝土强度应分批进行验收。同一验收批的混凝土应由强度等级相同、龄期相同、生产工艺和配合比基本相同且不超过 3 个月的混凝土组成，并按单位工程的验收项目划分验收批，每个验收项目应按《混凝土强度检验评定标准》确定。对同一验收批的混凝土强度，应以同批内标准试件的全部强度代表值来评定。

2. 混凝土密实成型

混凝土入模时呈疏松状，里面含有大量的空洞与气泡，必须采用适当的方法在其初凝前振捣密实，满足混凝土的设计要求。混凝土浇筑后振捣是用混凝土振动器的振动力，把混凝土内部的空气排出，使沙子充满石子间的空隙，水泥浆充满沙子间的空隙，以达到混凝土的密实。只有在工程量很小或不能使用振动器时，才允许采用人工捣固，一般应采用振动机械振捣。常用的振动机械有内部振动器（插入式）、外部振动器（附着式和平板式）和振动台。

内部振动器也称插入式振动器，它是由电动机、传动装置和振动棒三部分组成，工作时依靠振动棒插入混凝土产生振动力而捣实混凝土。插入式振动器是建筑工程应用最广泛的一种，常用以振实梁、柱、墙等平面尺寸较小而深度较大的构件和体积较大的混凝土。

内部振动器分类方法很多，按振动转子激振原理不同，可分为行星滚锥式和偏心轴式；按操作方式不同，可分为垂直振捣式和斜面振捣式；按驱动方式不同，可分为电动、风动、液压和内燃机驱动等形式；按电动机与振动棒之间的传动形式不同，可分为软轴式和直联式。

（四）混凝土养护

浇捣后的混凝土之所以能逐渐凝结硬化，主要是因为水泥水化作用的结果，而水化作用需要适当的湿度和温度。如气候炎热，空气干燥，不及时进行养护，混凝土中水分蒸发过快，会出现脱水现象，使已形成凝胶体的水泥颗粒不能充分水化，不能转化为稳定的结晶，缺乏足够的黏结力，从而会在混凝土表面出现片状或粉状剥落，影响混凝土的强度。此外，在混凝土尚未具备足够的强度时，其中水分过早地蒸发还会产生较大的收缩变形，出现干缩裂纹，影响混凝土的整体性和耐久性。所以浇筑后的混凝土初期阶段的养护非常重要。在混凝土浇筑完毕后，应在12h以内加以养护；干硬性混凝土和真空脱水混凝土应于浇筑完毕后立即进行养护。在养护工序中，应控制混凝土处在有利于硬化及强度增长的温度和湿度环境中，使硬化后的混凝土具有必要的强度和耐久性。

混凝土养护分自然养护和人工养护。自然养护是指在自然气温条件下（大于5℃），对混凝土采取覆盖、浇水湿润、挡风、保温等养护措施，使混凝土在规定的时间内有适宜的温湿条件进行硬化。自然养护又可分为覆盖浇水养护和薄膜布养护、薄膜养生液养护等。人工养护是指人工控制混凝土的温度和湿度，使混凝土强度增长，如蒸汽养护、热水养护、太阳能养护等。现浇结构多采用自然养护。

覆盖浇水养护。覆盖浇水养护是用吸水保温能力较强的材料（如草帘、芦席、麻袋、锯末等）将混凝土覆盖，经常洒水使其保持湿润。养护时间长短取决于水泥品种，硅酸盐水泥、普通硅酸盐水泥和矿渣硅酸盐水泥拌制的混凝土，不少于7d；强度等级C60及以上的混凝土或抗渗混凝土不少于14d。浇水次数以能保持混凝土具有足够的湿润状态为宜。

薄膜布养护。采用不透水、气的薄膜布（如塑料薄膜布）养护，是用薄膜布把混凝土表面敞露的部分全部严密地覆盖起来，保证混凝土在不失水的情况下得到充足的养护。这种养护方法的优点是不必浇水，操作方便，能重复使用，能提高混凝土的早期强度，加速模具的周转。

薄膜养生液养护。混凝土的表面不便浇水或用塑料薄膜布养护有困难时，可采用涂刷薄膜养生液，以防止混凝土内部水分蒸发的方法。薄膜养生液养护是将可成膜的溶液喷洒在混凝土表面上，溶液挥发后在混凝土表面凝结成一层薄膜，使混凝土表面与空气隔绝，封闭混凝土中的水分不再被蒸发，而完成水化作用。这种养护方法一般适用于表面积大的混凝土施工和缺水地区，但应注意薄膜的保护。混凝土养护期间，混凝土强度未达到$1.2N/mm^2$前，不允许在上面走动。

混凝土质量检验。混凝土质量检验包括施工过程中的质量检验和养护后的质量检验。施工过程的质量检验，即在制备和浇筑过程中对原材料的质量、配合比、坍落度等的检验，每一工作班至少检查一次，遇有特殊情况还应及时进行检验。混凝土的搅拌时间应随时检查。

混凝土养护后的质量检验，主要包括混凝土的强度、外观质量和结构构件的轴线、标高、截面尺寸和垂直度的偏差。如设计上有特殊要求时，还需对抗冻性、抗渗性等进行检验。

混凝土强度的检验，主要指抗压强度的检查。混凝土的抗压强度应以边长为150mm的立方体试件，在温度为20℃±2℃和相对湿度为90%以上的潮湿环境或水中的标准条件下，经28d养护后试验确定。

第四节　装饰工程

一、建筑装饰的概念

建筑装饰是以美学原理为依据，为保护建筑物的主体结构、完善建筑物的使用功能和美化建筑物，采用装饰装修材料或饰物对建筑外表及内部空间环境进行设计、加工的行为和过程的总称。换句话讲，建筑是创造空间，而建筑装饰是空间的再创造。

建筑装饰利用色彩、质感、陈设、家具装饰等，引入声、光、热等要素，采用装饰材料和施工工艺来创造完美空间。建筑装饰工程是现代建筑工程的有机组成部分，是现代建筑工程的延伸、深化和完善。

二、装饰工程的作用

（1）保护建筑结构系统，提高建筑物的耐久性。

（2）改善和提高建筑物的维护功能，满足建筑物的使用要求。如提高保温隔热效果、防潮防水性能，增加室内采光亮度，隔声、吸声等。

（3）美化建筑物的内外环境，提高建筑物的使用要求。如通过对建筑空间的色彩、质感、线条及纹理的不同处理弥补建筑设计上的某些不足与缺憾。

三、装饰工程的特点

(一) 边缘性学科

建筑装饰工程不仅涉及人文、地理、环境艺术和建筑知识，还与建筑装饰材料及其他各行各业有着密切的关系，而其中建筑装饰材料又涉及五金、化工、轻纺等多行业、多学科。

(二) 技术与艺术结合

建筑工程本身就是技术与艺术结合的产物，而作为建筑工程的深化与再创造的建筑装饰，则更是技术与艺术的有机结合。任何装饰都是用材料来体现的，能否正确应用装饰材料与设计和施工技术人员所具备的知识及技术含量(如人文意识、设计理念超前意识和变化规律等)有关。总而言之，建筑装饰是技术与艺术的进一步结合，是一个复杂的过程。

(三) 具有较强的周期性

建筑装饰随着时代的变化具有时尚性。因为建筑装饰要充分体现其先进性和超前性，以满足人们对建筑装饰的高标准要求。我国建筑装饰的使用年限一般为 5~10 年，国外一般不超过 5 年。

(四) 工程造价差别大

建筑装饰工程的造价空间非常大。从普通装饰到超豪华装饰，因采用的材料档次不同，造价也相差甚远，所以装饰的级别受造价的控制。

四、装饰工程的施工

随着国民经济和建设事业的飞速发展，建筑装饰工程在营造完善的市场经济建筑环境、改善人民的生活和工作条件以及建设国际化新城市方面势必发挥更大的作用。建筑装饰行业的技术人员必须高度重视现代建筑装饰事业所承载的重任，不仅要更加重视工程质量的提高、自身素质的提高和装饰艺术水平的提高，同时还必须针对建筑装饰工程的设计、材料、施工技术和施工组织管理等各方面不断开展技术革新，改进操作工艺，提高专业技术水平。

（一）建筑装饰工程施工流程的建筑性

建筑装饰工程是建筑工程的有机组成部分，而不是单纯的艺术创作，所以建筑装饰施工工程的首要特点是具有明显的建筑性。即与建筑有关的所有建筑装饰工程的施工操作，都不能只顾装饰艺术的表现而忽略对主体结构的维护和保养。《中华人民共和国建筑法》第四十九条规定："涉及建筑主体和承重结构变动的装修工程，建设单位应当在施工前委托原设计单位或具有相应资质条件的设计单位提出设计方案；没有设计方案的，不得施工。"这条规定限制了建筑装饰工程施工中随意凿墙开洞的野蛮施工行为，保证了建筑主体结构的安全适用。

建筑装饰设计必须在完善建筑及其空间使用功能的前提下，进而去追求艺术效果。其作为建筑设计的继续、深化和美化，应该是以现代装饰新材料、新技术和新工艺为基础的高档次建筑艺术设计。建筑装饰工程施工必须以保证建筑主体结构安全适用为基本原则，进而通过科学合理的装修构造、建筑造型、灯饰配置等具体操作工艺达到工程设计目标。

（二）建筑装饰工程施工操作的规范性

建筑装饰工程施工不是单纯的美化处理，而是对建筑工程主体结构及其环境的再创造，必须依靠合格的材料与配件等，通过科学合理的构造做法并由建筑主体结构予以稳定支撑的工程。所用材料及其应用技术应符合国家及行业颁布的相关标准。工艺操作和工艺处理均应遵照国家颁发的有关施工和验收规范；任何建筑装饰工程都不能为追求表面美化及视觉效果而随意地进行构造造型或简化饰面处理，以免造成工程质量问题。

重要工程和规模较大的装饰项目必须做到：按照国家规定实行招标、投标制度；明确装饰施工企业和施工队伍的资质水平与施工能力；在施工过程中由建设监理部门对工程进行监理；工程竣工后应通过质量监督部门及有关方面组织的严格验收。

(三)建筑装饰工程施工态度的严肃性

建筑装饰工程施工是一项十分复杂的生产活动,长期以来,其施工状况一直存在工程量大、施工工期长、耗用劳动量多和占用建筑物总造价高等特点。近年来,随着建材工业的迅速发展及施工条件的不断改善,建筑装饰工程的施工现状已有较大改观,建筑装饰施工人员基本上摆脱了繁重的体力劳动。但是随着物质生活和精神文化生活水平的提高,人们对装饰工程的质量要求也大大提高,这就迫切需要建筑装饰行业从业人员具有高度的事业责任心和在生产活动中具备严肃的态度。

建筑装饰施工大多是以饰面为最终结果,许多处于隐蔽部位但对工程质量起着关键作用的项目和操作工序很容易被忽略,其质量弊病也很容易被表面的美化修饰所掩盖。如大量的预埋件、连接件、铆固件、焊接件、骨架杆件、饰面的基面或基层处理,防火、防腐、防水、防潮、防虫、绝缘、隔声等功能性与安全性的构造和处理等,包括钉件的规格、质量,螺栓及各种连接紧固件的位置、数量及埋入深度等。如果在操作中采取敷衍的态度,甚至偷工减料、偷工减序,将会给工程留下质量隐患。

(四)建筑装饰工程施工管理的复杂性

建筑装饰工程的施工工序繁多,每道工序都需要专业人员担当技术骨干。施工操作人员中的工种也十分复杂,包括水、电、暖、卫、木、玻璃、油漆、金属等几十个工种。对于较大规模的装饰工程,加上消防系统、音响系统、保安系统、通信系统等,往往有几十道工序。这些工种和工序交叉、轮流或配合作业,容易造成施工现场的拥挤和混乱,不仅影响工程的进度和质量,严重时还会造成工程事故。为保证工程质量、施工进度和施工安全,必须依靠具备专门知识和经验的施工组织管理人员,以施工组织设计为指导,实行科学管理。

(五)建筑装饰工程的技术经济性

建筑装饰工程的使用功能及其艺术性的体现与发挥所反映的时代感和科学技术水准——特别是在工程造价方面,很大程度上受装饰材料以及现代声、光、电及其控制系统等设备的制约。在 20 世纪 90 年代以前，建筑主体结构、安装工程和装饰工程的费用分别占总投资的比例大约为 50%、30%、20%，现在则变为 30%、30%、40%。有的国家重点工程、高级宾馆、饭店及公共设施等，装饰工程费用已占总投资的 50% 以上。

随着人们对建筑艺术要求的不断提高，以及装饰新材料、新技术、新工艺和新设备的不断涌现，建筑装饰工程的造价还将继续升高。因此，必须做好建筑装饰工程的预算和估价工作，认真研究工程材料、设备及施工技术、施工工艺的经济性，严格控制工程成本，加强施工企业的经济管理和经济活动的分析，努力提高经济效益和工程质量，以保证我国现代建筑装饰行业的健康发展。

五、装饰工程与相关工程的关系

(一) 建筑装饰工程与建筑的关系

建筑装饰是对建筑物的装扮和修饰，因此对建筑要有一个准确的理解和认识。如对建筑的属性、艺术风格、建筑空间性质和特性、建筑时空环境的营造和气氛等应有较好的把握。只有对所要进行装饰的建筑有了正确的理解把握，才能搞好装饰工程的设计和施工，使建筑艺术与人们的审美协调一致，从而给人们以艺术享受。

(二) 建筑装饰与建筑结构的关系

建筑装饰与建筑结构的关系有两个方面。一方面，建筑结构给建筑装饰再创造提供了充分发挥的舞台，装饰在充分发挥结构空间的同时又保护了建筑结构。另一方面，关于建筑装饰与建筑结构矛盾时的处理：因结构是传递荷载的构件，所以在设计时要充分考虑其受力情况，如装饰需要改变结构或在结构构件上进行开洞或取舍，必须先进行计算核实。

(三) 建筑装饰与设备的关系

建筑装饰不仅要处理好装饰与结构的关系，还必须解决好装饰与设备的关系。如果处理不合理，会影响建筑装饰空间的处理，同时也会影响设备的正常运行和使用。装饰工程大部分是界面处理，必须处理好与建筑设备中的空调、水暖、监控、消防、强电、弱电、管线及照明设备等的协调配合。

(四) 建筑装饰与环境的关系

建筑装饰虽然能给人们提供一个良好的生活、学习、工作环境，但如果材料选择和施工工艺不当，容易造成环境的二次污染，甚至会造成人身伤亡事故。装饰施工必须严格执行国家规范，控制因建筑装饰材料选择不当以及工程勘察、设计、施工过程中的不当操作所造成的室内环境污染。

近年来，国家对室内外环境污染做了大量的研究工作，已经检测到的有害物质达数百种，常见的有十几种。其中绝大部分为有机物，主要源于各种人造木板，以及涂料、胶黏剂等化学建筑装饰材料。这些材料会在常温下释放出许多有害、有毒的物质从而造成室内空气污染。因此，必须控制这些有害物质在空气中的含量，以达到国家的环保标准。

六、装饰施工的任务

建筑装饰施工的任务是通过操作人员的劳动，把设计师的意图表现出来。设计是实现装饰意图的前提，施工则是实现装饰意图的保证。设计师将成熟的设计构思反映在图纸上，装饰施工则是根据设计图纸所表达的意图，采用不同的装饰材料，通过一定的施工工艺、机具设备等手段使设计意图得以实现。由于设计图纸产生于装饰施工之前，对最终的装饰效果缺乏实感，必须通过施工来检验设计的科学性、合理性。如果确实有些设计因材料、施工操作工艺或其他原因而不能实现，应与设计师协商，找出解决方法，即对原设计提出合理的建议并经过设计师进行修改，使装饰设计更加符合实际，从而达到理想的装饰效果。

第六章　建筑项目防水工程施工技术

第一节　屋面防水工程

防水工程质量的优劣，不仅关系到建（构）筑物的使用寿命，而且直接影响到人们的生产、生活环境和卫生条件。因此，建筑防水工程质量除了考虑设计的合理性、防水材料的正确选择外，还要注意其施工工艺及施工质量。

防水工程按构造做法分为结构防水和材料防水两大类。

（1）结构防水，主要是依靠结构构件材料自身的密实性及某些构造措施（坡度、埋设止水带等），使结构构件起到防水作用。

（2）材料防水，是在结构构件的迎水面或背水面以及接缝处，附加防水材料做成防水层，以起到防水作用，如卷材防水、涂料防水、刚性材料防水层防水等。

屋面防水等级和设防要求如表6-1所示。

表6-1　屋面防水等级和设防要求

项目	屋面防水等级			
	Ⅰ	Ⅱ	Ⅲ	Ⅳ
建筑物类别	特别重要的民用建筑和对防水有特殊要求的工业建筑	重要的工业与民用建筑、高层建筑	一般的工业与民用建筑	非永久性建筑
防水层耐用年限	25年	15年	10年	5年

续表

项目	屋面防水等级			
	I	II	III	IV
防水层选用材料	宜选用合成高分子防水卷材、高聚物改性沥青防水卷材、合成高分子防水涂料、细石防水混凝土等材料	选用高聚物改性沥青防水卷材、合成高分子防水卷材、金属板材、合成高分子防水涂料、高聚物改性沥青防水涂料、细石混凝土、平瓦、油毡瓦等材料	选用三毡四油沥青防水卷材、高聚物改性沥青防水卷材、合成高分子防水卷材、金属板材、高聚物改性沥青防水涂料、合成高分子防水涂料、细石混凝土、平瓦、油毡瓦等材料	可选用二毡三油沥、青防水卷材、高聚、物改性沥青防水涂、料等材料
设防要求	三道或三道以上防水设防	二道防水设防	一道防水设防	一道防水设防

一、卷材防水屋面

卷材防水屋面是用胶结材料粘贴卷材进行防水的屋面。这种屋面具有重量轻、防水性能好的优点，其防水层柔韧性好，能适应一定程度的结构振动和胀缩变形。

(一)卷材分类

所用卷材有传统的沥青防水卷材、高聚物改性沥青防水卷材和合成高分子防水卷材三大系列。

(二)卷材防水层施工

1. 基层要求

基层应有足够的强度和刚度，承受荷载时不致产生显著变形。基层一般采用水泥砂浆、细石混凝土或沥青砂浆找平，做到平整、坚实、清洁、无凹凸形及尖锐颗粒。铺设屋面隔气层和防水层以前，基层必须清扫干净。屋面及檐口、檐沟、天沟找平层的排水坡度必须符合设计要求，平屋面采用结构找坡应不小于3%，采用材料找坡宜为2%，天沟、檐沟纵向找坡不应小于1%，沟底落水差不大于200mm，与突出屋面结构的连接处以及房屋的转角处，均应做成圆弧或钝角，其圆弧半径应符合以下要求：沥青防水卷材为100～150mm，高聚物改性沥青防水卷材为50mm，合成高分子防水卷材为20mm。

为防止由于温差及混凝土构件收缩而使防水屋面开裂，找平层应留分格缝，缝宽一般为20mm。分格缝应留在预制板支承边的拼缝处，其纵横向最大间距，当找平层采用水泥砂浆或细石混凝土时，不宜大于6m；采用沥青砂浆时，则不宜大于4m。分格缝处应附加200～300mm宽的油毡，用沥青胶结材料单边点贴覆盖。

2. 材料选择

（1）基层处理剂。基层处理剂是为了增强防水材料与基层之间的黏结力，在防水层施工前，预先涂刷在基层上的涂料。高聚物改性沥青防水卷材屋面常用的基层处理剂有氯丁胶沥青乳胶、橡胶改性沥青溶液、沥青溶液（即冷底子油）等。

（2）胶黏剂。卷材防水层的黏结材料，必须选用与卷材相应的胶黏剂。高聚物改性沥青卷材选用橡胶或再生橡胶改性沥青的汽油溶液或水乳液作为胶黏剂，其黏结剪切强度应大于0.05MPa，黏结剥离强度应大于8N/m²。

（3）卷材。防水屋面常用的卷材为SBS卷材。

3. 卷材施工

（1）施工工艺流程。基层表面清理→喷、涂基层处理剂→节点附加层铺设→定位、弹线→铺贴卷材→收头、节点密封→检查、修整→保护层施工。

（2）铺设方法和要求。基层处理可采用喷涂法和涂刷法。不论喷还是涂均应均匀一致，而且应该先对屋面节点、转角、周边等处用毛刷涂刷。

铺贴卷材的方向：屋面坡度小于3%时，卷材宜平行于屋脊铺贴；屋面坡度在3%～15%时，卷材可平行或垂直于屋脊铺贴；屋面坡度大于15%或屋面受震动时，沥青防水卷材应垂直于屋脊铺贴，高聚物改性沥青和合成高分子防水卷材可平行或垂直于屋脊铺贴；上下层卷材不得垂直铺贴。

铺贴卷材的顺序：先铺贴细部节点、附加层和屋面排水比较集中的部位，然后由最低处向上铺贴。天沟、檐沟卷材应顺天沟、檐沟去向铺贴，减少卷材搭接，有多跨和高低跨时，应按先高后低、先远后近的顺序进行。

铺贴卷材搭接及宽度要求：平行屋脊的搭接缝，应顺流水方向搭接；垂直屋脊的搭接缝，应顺年最大频率风向搭接。上下层及相邻两幅卷材的搭接缝应错开；叠层铺贴的各层卷材，在天沟与屋面的交接处，应采用叉接法搭接，搭接缝应错开；搭接缝宜留在屋面或天沟侧面，不宜留在沟底。高聚物改性沥青和合成高分子防水卷材的搭接缝应用密封材料封严。高聚物改性沥青和合成高分子防水卷材搭接宽度短边、长边分别为80mm与100mm。

高聚物改性沥青防水卷材热熔法施工要点：采用专用的导热油炉加热烘烤卷材与基层接触的底面，加热温度不应高于200℃，使用温度不应低于180℃。铺贴时，可采用滚铺法，即边加热烘烤边滚动卷材铺贴的方法。喷火枪头与卷材保持50～100mm距离，与基层呈30°～45°角，将火焰对准卷材与基层交接处，同时加热卷材底面热熔胶层和基层，至热熔胶层出现黑色光泽，发亮至稍有微泡缓出现，慢慢放下卷材平铺于基层，然后排气辊压，使卷材与基层粘牢。要求铺贴的卷材平整顺直，搭接尺寸准确，不得扭曲。

高聚物改性沥青防水卷材自粘法施工要点：卷材底面胶黏剂表面敷有一层隔离纸，铺贴时只要剥去隔离纸，即可直接铺贴。应注意隔离纸必须完全撕净，彻底排除卷材下面的空气，并辊压后黏结牢固。低温施工时，立面、大坡面及搭接部位宜采用热风机加热后随即粘牢。

合成高分子防水卷材施工方法有冷粘法、自粘法。它的施工要点与高聚物改性沥青防水卷材基本相同。同时，合成高分子防水卷材另一种施工方法为焊接法。用焊接法施工的合成高分子卷材仅有PVC防水卷材一种，焊接法一种为热熔焊，即利用电加热器由焊嘴喷出热气体，使卷材表面熔化实现焊接熔合；另一种为冷焊，即采用溶剂将卷材搭接或对接实现接合。焊接前卷材应平整顺直、无皱折，焊接面应干净无油污、无水滴及附着物。焊接时应先焊长边接缝，后焊短边接缝。焊接面应受热均匀，不得有漏焊、跳焊与焊接不良等现象，更不得损害非焊接部位的卷材。

为了延长防水层的使用年限，卷材铺设完毕后，应进行保护层的施工，保护层可用浅色涂料、水泥砂浆、块体材料或细石混凝土。

（3）设置排气通道。屋面的柔性防水层施工完毕后，往往会发生防水卷材起鼓的现象，导致防水屋面寿命缩短等。产生起鼓现象的主要原因是屋面保温层、找平层施工含水量过大或遇雨水浸泡不干燥，而又立即铺设卷材防水层。解决办法是在屋面设置排气通道。

4. 保护层种类

常用的保护层有涂料保护层，绿豆砂保护层，细砂、云母或蛭石保护层，混凝土预制板保护层。

5. 卷材防水层质量检验

卷材防水层的质量必须符合设计要求，施工后不渗漏、不积水，极易产生渗漏的节点防水设防应严密，所以将它们列为主控项目。当然，搭接、密封、基层黏结、铺设方向、搭接宽度、保护层、排气通道等项目亦应列为检验项目，见表6-2。

防水卷材现场抽样复验项目见表6-3。

表6-2　卷材防水层质量检验

项目		要求	检验方法
主控项目	卷材防水层所用卷材及其配套材料	必须符合设计要求	检查出厂合格证、质量检验报告和现场抽样复验报告
	卷材防水层	不得有渗漏或积水现象	雨后或淋水、蓄水试验
	卷材防水层在天沟、檐沟、泛水、变形缝和水落口等处细部做法	必须符合设计要求	观察检查和检查隐蔽工程验收记录
一般项目	卷材防水层的搭接缝	应粘(焊)结牢固、密封严密，并不得有皱褶、翘边和鼓泡	观察检查
	防水层的收头	应与基层黏结并固定牢固、缝口封严，不得翘边	观察检查
	卷材防水层撒布材料和浅色涂料保护层	应铺撒或涂刷均匀，黏结牢固	观察检查
	卷材防水层的水泥砂浆或细石混凝土保护层与卷材防水层间	应设置隔离层	观察检查
	保护层的分格缝留置	应符合设计要求	观察检查
	卷材的铺设方向，卷材的搭接宽度	铺设方向应正确，搭接宽度的允许偏差为 −10mm	观察和尺量检查
	排气通道、排气孔	应纵横贯通，不得堵塞；排气管应安装牢固，位置正确，封闭严密	观察和尺量检查

表6-3　防水卷材现场抽样复验项目

材料名称	现场抽样数量	外观质量检验	物理性能检验
沥青防水卷材	大于1000卷抽5卷，500～1000卷抽4卷，100～499卷抽3卷，100卷以下抽2卷，进行规格尺寸和外观质量检验；在外观质量检验合格的卷材中，任取1卷进行物理性能检验	孔洞、路伤、露胎、涂盖不匀、折纹、皱折、裂纹、裂口、缺边，每卷卷材的接头	纵向拉力，耐热度，柔度，不透水性
高聚物改性沥青防水卷材	同上	孔洞、缺边、硌伤、裂口、边缘不整齐，胎体露白、未浸透，撒布材料粒度、颜色，每卷卷材的接头	拉力，最大拉力时延伸率，耐热度，低温柔度，不透水性
合成高分子防水卷材	同上	折痕、杂质、胶块、凹痕，每卷卷材的接头	断裂拉伸强度，扯断伸长率，低温弯折，不透水性
石油沥青	同一批至少抽一次		针入度，延度，软化点
沥青玛蹄脂	每工作班至少抽一次		耐热度，柔韧性，黏结力

二、涂膜防水屋面

涂膜防水屋面的涂料主要有高聚物改性沥青防水涂料、合成高分子防水涂料和聚合物水泥防水涂料。涂膜防水屋面主要适用于防水等级为Ⅲ级、Ⅳ级的屋面防水，也可用作Ⅰ级、Ⅱ级屋面多道防水设防中的一道防水层。

施工要点如下：屋面的板缝、找平层应按有关规定施工。高聚物改性沥青防水涂膜应多遍涂布，总厚度应达到设计要求，涂层应均匀平整。涂膜施工应先做好节点处理，然后再大面积涂布。涂层间可夹铺胎体增强材料（化纤无纺布、玻璃纤维网格布）；胎体增强材料应铺平并排除气泡，且与涂料黏结牢固，涂料应浸透胎体，最上面的涂层厚度不应小于1mm。合成高分子防水涂料施工可采用刮涂或喷涂的施工方法，当采用刮涂法时，后一遍应与前一遍刮涂的方向垂直。如有胎体增强材料，位于胎体下面的涂层厚度不宜小于1mm，最上层的涂层不应少于两遍，厚度不应小于0.5mm。施工完毕后，均应做屋面保护层。

三、刚性防水屋面

刚性防水屋面不适用于松散保温层屋面、大跨度和轻型屋盖屋面、受较大振动或冲击的屋面。

（1）刚性防水屋面的细部节点处理应与柔性材料复合使用，以保证防水的可靠性。

（2）刚性防水屋面在基层与防水层之间要做隔离层，从而使基层结构层与防水层变形互不约束。

（3）刚性防水层应设置分格缝，纵横分格缝一般不大于6m，分格面积不超过36m²，分格缝内应嵌填密封材料，分格缝宽度为5～30mm。

（4）刚性防水屋面细石混凝土防水层的厚度不应小于40mm，并铺设钢筋网片。选用少4～6mm、间距为100～200mm的双向钢筋网片；钢筋网片在分格缝处应断开，其位置应居中偏上；保护层不应小于10mm。

四、其他类型屋面施工简介

其他类型的屋面有架空隔热屋面、金属压型夹芯板屋面、蓄水屋面、种植屋面、倒置式屋面等。

（一）架空隔热屋面

架空隔热屋面一般在炎热地区采用。架空隔热屋面是在屋顶中设置通风的空气间层，利用空气间层的空气流动带走一部分热量，从而降低传至屋里内表面的温度。一般情况下是在屋顶放置一些导热性能较低的支撑物，并在上面盖一层隔热板，这样在屋顶和隔热板之间就形成了一个空气层。空气层起到了隔热作用，不但可以通过隔热板使屋顶太阳辐射的热降低，还可以通过空气层的隔热作用使得隔热板到屋顶的传热减少，从而减少室内的热。但由于架空隔热的高度有限，因此隔热的效果一般。

（二）金属压型夹芯板屋面

金属压型夹芯板是由两层彩色涂层钢板、中间加硬质自熄性聚氨酯泡沫组成的，通过辊压、发泡、黏结一次成型。它适用于防水等级为Ⅱ级、Ⅲ级的屋面单层防水，尤其适用于一般工业与民用建筑轻型屋盖的保温防水屋面。

(三)蓄水屋面

用现浇钢筋混凝土作为防水层，并长期储水的屋面叫蓄水屋面。混凝土长期浸在水中可避免碳化、开裂，提高耐久性。蓄水屋面可隔热降温，还可养殖鱼虾而获经济效益。水池池底和池壁应一次浇成，振捣密实，初凝后立即注水养护。水池的长度与宽度超过40m时，应设置变形缝。水深以200～600mm为宜，水源主要利用天然雨水，还应另补人工水源，溢水口应与檐沟及雨水管相接。

(四)种植屋面

在屋面防水层上覆盖种植土，可提高屋顶的隔热、保温性能，还有利于屋面防水防渗、保护防水层。种植土可栽培花草或农作物，有利于美化环境、净化空气，且有经济效益，但增加了屋顶的荷载。屋面种植用水除利用天然降雨外，应另补人工水源。预制板屋顶上须现浇配筋混凝土，并一次浇成。

(五)倒置式屋面

倒置式屋面指保温层设置在防水层上的屋面，其构造层次为保温层、防水层、结构层。这种屋面对采用的保温材料有特殊的要求，应当使用吸湿性低、气候性强的憎水材料作为保温层（如聚苯乙烯泡沫塑料板或聚氨酯泡沫塑料板），并在保温层上加设钢筋混凝土、卵石、砖等较重的覆盖层。

五、常见屋面渗漏防治方法

(一)屋面渗漏的原因

山墙、女儿墙和突出屋面的烟囱等墙体与防水层相交部漏水、天沟漏水、屋面变形缝（伸缩缝、沉降缝）处漏水、挑檐及檐口处漏水、雨水口处漏水、厕所及厨房的通气管根部漏水。

(二) 屋面渗漏的防治方法

女儿墙压顶开裂时,可铲除开裂压顶的砂浆,重抹 1:2～1:2.5 水泥砂浆,并做好滴水线,有条件者可换成预制钢筋混凝土压顶板。突出屋面的烟囱、山墙、管根等与屋面交接处、转角处做成钝角,垂直面与屋面的卷材应分层搭接。对已漏水的部位,可将转角渗漏处的卷材割开,并分层将旧卷材烤干剥离,清除原有沥青胶。突出屋面管道漏雨:管根处做成钝角,并建议设计单位加做防雨罩,使油毡在防雨罩下收头。檐口漏雨:将檐口处旧卷材掀起,用 24 号镀锌薄钢板将其钉于檐口,将新卷材贴于薄钢板上。雨水口漏雨渗水:将雨水斗四周卷材铲除,检查短管是否紧贴基层板面或铁水盘。如短管浮搁在找平层上,则将找平层凿掉,清除后安装好短管,再用搭槎法重做三毡四油防水层,然后进行雨水斗附近卷材的收口和包贴。如用铸铁弯头代替雨水斗,则需将弯头凿开取出,清理干净后安装弯头,再铺油毡(或卷材)一层,其伸入弯头内应大于 50mm,最后做防水层至弯头内,并与弯头端部搭接顺畅、抹压密实。

第二节　地下防水工程

地下防水工程是防止地下水对地下构筑物或建筑物基础的长期浸透,保证地下构筑物或建筑物功能正常发挥的一项重要工程。由于地下工程常年受到地表水、潜水、上层滞水、毛细管水等的作用,所以,地下工程防水要求比屋面防水工程要求更高,防水技术难度更大。如何正确选择合理有效的防水方案成为地下防水工程中的首要问题。

地下工程的防水等级分 4 级,各级标准应符合表 6-4 的规定。

表6-4　地下工程防水等级标准及适用范围

防水等级	标准	适用范围
一级	不允许渗水，结构表面无湿渍	人员长期停留的场所；因有少量湿渍会使物品变质、失效的储物场所及严重影响设备正常运转和危及工程安全运营的部位；极重要的战备工程
二级	不允许渗水，结构表面可有少量湿渍。工业与民用建筑：总湿渍面积不应大于总防水面积(包括顶板、墙面、地面)的1/1000；任意100m²防水面积上湿渍不超过1处，单个湿渍的最大面积不大于0.1m²；其他地下工程：总湿渍面积不应大于总防水面积的6/1000；任意100m²防水面积上的湿渍不超过4处，单个湿渍的最大面积不大于0.2m²	人员经常活动的场所；在有少量湿渍的情况下不会使物品变质、失效的储物场所及基本不影响设备正常运转和工程安全运营的部位；重要的战备工程
三级	有少量漏水点，不得有线流和漏泥砂，任意100m²防水面积上的漏水点不超过7处，单个漏水点的最大漏水量不大于2.5L/m²·d，单个湿渍的最大面积不大于0.3m²	人员临时活动的场所，一般战备工程
四级	有漏水点，不得有线流和漏泥砂，整个工程平均漏水量不大于2L/m²·d；任意100m²防水面积的平均漏水量不大于4L/m²·d	对渗漏水无严格要求的工程

一、防水方案及防水措施

(一) 防水方案

地下工程的防水方案，应遵循"防、排、截、堵结合，刚柔相济、因地制宜、综合治理"的原则。常用的防水方案有结构自防水、设防水层、渗排水防水三类。

（二）防水措施

地下工程的钢筋混凝土结构应采用防水混凝土，并根据防水等级的要求采用防水措施。防水措施应根据地下工程开挖方式确定。

二、结构主体防水的施工

（一）防水混凝土结构的施工

防水混凝土适用于一般工业与民用建筑物的地下室、地下水泵房、水池、水塔、大型设备基础、沉箱、地下连续墙等防水建筑；防水混凝土不适用于裂缝宽度大于 0.2mm，并有贯通裂缝的混凝土结构；防水混凝土结构不可能没有裂缝，但裂缝宽度控制太小，如在 0.1mm 以内，则结构配筋率增大，造价提高，钢筋稠密，混凝土浇筑困难，出现振捣不密实等缺陷，反而对混凝土抗渗性不利；防水混凝土不适用于遭受剧烈振动或冲击的结构，振动和冲击使得结构内部产生拉应力，当拉应力大于混凝土自身抗拉强度时，就会出现结构裂缝，产生渗漏现象；防水混凝土的环境温度不得高于 80℃，一般应控制在 50～60℃以下，最好接近常温，这主要是因为防水混凝土抗渗性随着温度升高而降低，温度越高降低越明显。

（二）防水混凝土的种类

1. 普通防水混凝土

普通防水混凝土是一种富砂浆混凝土，在粗骨料周围形成一定浓度和良好质量的砂浆包裹层，混凝土硬化后，骨料和骨料之间的孔隙被具有一定密度的水泥砂浆填充，并切断混凝土内部沿粗骨料表面连通毛细渗水通路。

2. 外加剂防水混凝土（增加密实度和抗渗性）

混凝土中掺入一定量的外加剂，以改善混凝土内部结构，提高混凝土密实度和抗渗性。

3. 补偿收缩混凝土

在混凝土中掺入适量膨胀剂或用膨胀水泥配制而成的一种微膨胀混凝土。它以本身适度膨胀抵消收缩裂缝，同时改善孔隙结构，降低孔隙率，减小开裂，使混凝土有较高的抗渗性能。常用的膨胀剂有 U 型混凝土膨胀剂（UEA）、明矾石膨胀剂、明矾石膨胀水泥、石膏矾土膨胀水泥等。

(三) 防水混凝土工程的施工

第一，防水混凝土迎水面钢筋保护层的厚度不小于 50mm。绑扎钢筋的铅丝应向里侧弯曲，不要外露。

第二，必须按试验室制定的配料单严格控制各种材料用量，不得随意增加，各种外加剂应稀释成较小浓度的溶液后再加入搅拌机内，严禁将外加剂干粉或者高浓度溶液直接加到搅拌机内，但膨胀剂应以干粉加入。

第三，混凝土的搅拌必须采用机械搅拌，时间不应小于 2min，掺外加剂时应根据其技术要求确定搅拌时间，如混凝土出现离析现象，必须进行二次搅拌。混凝土的浇筑高度不超过 1.5m，否则应用溜槽或串筒等。混凝土浇筑应分层，每层厚度不超过 250mm，但板底处可为 300～400mm，斜坡不应超过 1/7。防水混凝土掺引气剂、减水剂时应采用高频插入式振捣器振捣，振捣时间为 10～30s，以混凝土泛浆和不冒气泡为准，应避免漏振、欠振和超振。防水混凝土终凝后应立即进行养护，养护时间不少于 14d。

第四，防水混凝土施工缝留设及施工注意的问题。

防水混凝土应连续浇筑，宜少留施工缝。留设施工缝应遵守下列原则：墙体应留水平施工缝，而且应留在剪力与弯矩最小处或底板与侧墙的交接处，应留在高出底板表面不小于 300mm 的墙体上。拱（板）墙结合的水平施工缝，宜留在拱（板）墙接缝线以下 150～300mm 处。墙体有预留孔洞时，施工缝距孔洞边缘不应小于 300mm。垂直施工缝应避开地下水和裂隙水较多的地段，并尽量与变形缝相结合。

施工缝施工的操作要求：水平施工缝与垂直施工缝浇灌混凝土前，应将其表面浮浆和杂物清除，再铺 30～50mm 厚的 1∶1 水泥砂浆或涂刷混凝土界面处理剂，并及时浇灌混凝土。遇水膨胀止水条应具有缓胀性能，其 7d 的膨胀率不应大于最终膨胀率的 60%，而且应保证位置准确、固定牢靠。

防水混凝土结构内部设置的各种钢筋或绑扎铁丝，不得接触模板。固定模板用的螺栓必须穿过防水混凝土时，可以采用工具式螺栓或螺栓加堵头，螺栓应加焊方形止水环。

第五，穿墙管（盒）施工与构造。混凝土浇筑前应先预埋穿墙管（盒），与内墙凹凸部位的距离应大于250mm；结构变形或管道伸缩量较小时，可以将穿墙管（盒）直接埋入混凝土内，采用固定式防水法，并预留凹槽，用嵌缝材料嵌填密实；结构变形或管道伸缩量较大或有更换要求时，应采用套管式防水法，套管应加焊止水环。穿墙管较多时，管与管之间距离应大于300mm。钢止水环加工完成后，在其外壁刷防锈漆两遍，预留洞口后埋穿墙部分的混凝土必须捣实严密。柔性防水管道一般用于管道穿过墙壁之处受震动或有严密防水要求的建筑物。

（四）水泥砂浆防水层的施工

1. 种类

普通防水砂浆、聚合物水泥砂浆和掺外加剂或掺和料的防水砂浆。

2. 特点

高强度、抗刺穿、湿黏性等。

3. 适用范围

埋置深度较大，沉降较大，温度、湿度变化较大，受震动或冲击荷载等防水工程不宜采用。

4. 做法

水泥砂浆防水层可采用人工多层抹压施工，而且可以与其他防水方法叠层使用。

5. 规定

所用材料应符合《地下工程防水技术规范》（GB50108—2008）的有关规定。

6. 操作要点

（1）水泥砂浆不得在雨天及5级以上大风中施工；冬季施工时，气温不得低于5℃，且基层表面温度应保持在0℃以上；夏季施工时，不应在35℃以上或烈日照射下施工。

（2）基层表面应平整、坚实、粗糙、清洁，并充分湿润，一般混凝土应提前一天浇水，应无积水。新浇混凝土拆模后应立即用钢丝刷将混凝土表面扫毛，基层表面的孔洞、缝隙应用与防水层相同的砂浆堵塞抹平。

（3）预埋件、穿墙管预留凹槽内嵌填密封材料后，再抹防水砂浆层。

（4）掺外加剂、掺和料、聚合物等防水砂浆配合比和施工方法应符合所掺材料的规定。

（5）水泥砂浆防水层各层应紧密贴合，每层应连续施工；如必须留茬，采用阶梯形茬，但离阴阳角处不得小于200mm；接茬应依层次顺序操作，层层搭接紧密。

（6）所有阴阳角处要求用大于1∶1.25水泥砂浆做成圆角以利于防水层形成封闭整体（阳角R=2mm，阴角R=25mm）。

（7）水泥砂浆防水层施工完毕后要及时养护。聚合物水泥砂浆防水层未达到硬化状态时，不得浇水养护或直接受雨水冲刷，硬化后应采用干湿交替养护，在潮湿环境中可在自然状态下养护。

（五）卷材防水层施工

1. 卷材防水层的使用范围和施工条件

卷材防水层用于受侵蚀性介质作用或受震动作用的地下工程防水，经常承受的压力不超过0.5N/mm² 和经常保持不小于0.01N/mm² 的侧压力，才能发挥防水的有效作用。卷材应铺设在混凝土结构主体的迎水面，即结构主体底板垫层至墙体顶端的基面上，在外围形成封闭的防水层。

2. 铺贴方案

地下防水工程一般把卷材防水层设置在建筑结构的外侧迎水面上，这种防水层可以借助土压力压紧，并与结构一起抵抗有压地下水的渗透和侵蚀作用，防水效果良好，使用比较广泛。

（1）外防外贴法：指将立面卷材防水层铺设在防水外墙结构的外表面。

外防外贴法施工要点：在垫层上铺设防水层后，再进行底板和结构主体施工，然后砌筑永久性保护墙，高度为防水结构底板厚度加100mm，墙底应铺设（干铺）一层防水卷材，上部用30mm厚聚苯板做保护层，高度为200mm左右。永久性保护墙及聚苯板用1∶3水泥砂浆抹灰找平，保护墙沿长度方向5～6m和转角处应断开，断缝处嵌入卷材条或沥青麻丝。

高聚物改性沥青卷材铺设用热熔法施工，施工时应注意卷材与基层接触面加热均匀；合成高分子卷材铺设可用冷粘法施工，施工时应注意胶黏剂与卷材性能相容性，而且胶黏剂要涂刷均匀。

在立面与平面的转角处，接缝应留在平面上，距立面墙体不小于600mm。双层卷材不得垂直铺贴，上下两层或相邻两卷材的接缝应相互错开1/3～1/2幅宽；卷材长边与短边的搭接长度不应小于100mm。交接处应交叉搭接；转角处应粘贴一层附加层，应先铺平面，后铺立面，并采取立面防滑措施。

（2）外防内贴法：指混凝土垫层浇筑完成后，在垫层上砌筑永久性保护墙，然后将卷材铺设在垫层和永久性保护墙上。

外防内贴法施工要点：保护墙砌完后，用1∶3水泥砂浆在永久性保护墙和垫层上抹灰找平。垫层与永久性保护墙接触部分应平铺一层卷材。找平层干燥后即可涂刷基层处理剂，干燥后铺贴卷材防水层，卷材宜选用高聚物改性沥青聚酯油毡或高分子防水卷材，应先铺立面，后铺平面，先铺转角，后铺大面。所有的转角处应铺设附加层，附加层采用抗拉强度较高的卷材，铺贴应仔细，粘贴应紧密。卷材铺贴完工后应做好成品保护工作，立面可抹水泥砂浆，贴塑料板或其他可靠材料；平面可抹20mm厚的水泥砂浆或浇筑30～50mm厚的细石混凝土，待结构完工后，进行回填土工作。

三、结构细部构造防水的施工

（一）变形缝

对止水材料的基本要求是：适应变形能力强、防水性能好、耐久性高、与混凝土黏结牢固等。

常见的变形缝止水带有橡胶止水带、塑料止水带、氯丁橡胶止水带和金属止水带（如镀锌钢板等）。

止水带的构造形式通常有埋入式、可卸式、粘贴式等，目前采用较多的是埋入式。

（二）后浇带

后浇带的混凝土施工，应在两侧混凝土浇筑完毕并养护6个星期，待混凝土收缩变形基本稳定后再进行。高层建筑的后浇带应在结构顶板浇筑混凝土 4d 后再施工。浇筑前应将接缝处混凝土表面凿毛并清洗干净，保持湿润；浇筑的混凝土应优先选用补偿收缩混凝土，其强度等级不得低于两侧混凝土的强度等级；施工期的温度应低于两侧混凝土施工时的温度，而且宜选择在气温较低的季节施工；浇筑后的混凝土养护时间不应少于 4 个星期。

四、地下防水工程渗漏及防治方法

(一) 防水混凝土结构渗漏部位、原因及防治方法

结构自防水顾名思义就是依靠混凝土自身的密实度抵抗地下水的侵蚀，但是由于施工原因，混凝土结构自身的缺陷常造成渗漏。

1. 防水混凝土结构渗漏部位、原因

（1）混凝土蜂窝、麻面、露筋、孔洞等造成地下室渗水。

（2）混凝土结构的施工缝产生渗漏。

（3）混凝土裂缝产生渗漏。

（4）预埋件部位产生渗漏，原因有预埋件过密，预埋件周围混凝土振捣不密实；在混凝土终凝前碰撞预埋件，使预埋件松动；预埋件铁脚过长，穿透混凝土层，又未按规定焊好止水环；预埋管道自身有裂缝、砂眼等，地下水通过管壁渗漏等。

（5）地下室的后浇带处理不合理造成渗漏。

（6）地下室外墙的穿墙螺栓眼位置处理不当造成渗漏。

2. 防治方法

（1）混凝土蜂窝、麻面、露筋、孔洞等造成地下室渗水，主要原因是配合比不准，坍落度过小，长距离运输和自由入模高度过高，造成混凝土离析；局部钢筋密集或预留洞口的下部混凝土无法进入，振捣不实或漏振，跑模漏浆等。针对以上情况，混凝土应严格计量，搅拌均匀，长距离运输后要进行二次搅拌。对于自由入模高度过高者，应使用串筒、溜槽，浇筑应按施工方案分层进行，振捣密实。对于钢筋密集处，可调整石子级配，较大的预留洞下，应预留浇筑口。模板应支设牢固，在混凝土浇筑过程中，应指派专人值班"看模"。

（2）混凝土结构的施工缝也是极易发生渗水的部位，其渗水原因主要为

施工缝留设位置不当；施工缝清理不净，新旧混凝土未能很好结合；钢筋过密，混凝土捣实有困难等。防止施工缝渗水可采取以下措施：首先，施工缝应按规定位置留设，墙面水平施工缝加止水条，防水薄弱部位及底板上不应留设施工缝，墙板上如必须留设垂直施工缝，应与变形缝相一致。其次，施工缝的留设、清理及新旧混凝土的接浆等应有统一部署，由专人认真细致地做好。此外，设计人员在确定钢筋布置位置和墙体厚度时，应考虑方便施工，以保证工程质量。如发现施工缝渗水，可采用防水堵漏技术进行修补。

（二）卷材防水层渗漏部位、原因及防治方法

1. 卷材防水层渗漏部位、原因

（1）地下室底板结构复杂，卷材防水层施工时，卷材施工不到位，造成底板漏水。

（2）含有地下水的底板，由于降水不到位，混凝土垫层潮湿，造成涂刷的冷底子油不粘，致使防水卷材与垫层无法结合成一体，造成底板渗水。

（3）基础为桩基础的，桩头防水处理不好，造成底板渗水。

（4）地下室外墙混凝土浇筑完毕，拆模后，还未等混凝土表面干透，就开始做防水，造成卷材与墙体不黏结，致使墙体卷材渗漏。

（5）做卷材防水时，卷材搭接不够，阴阳角附加毡做得不规矩，这些部位容易被破坏，致使漏水。

（6）外墙回填土时，防水保护层对卷材造成挤压，致使卷材破坏，造成墙体渗水。

2. 防治方法

（1）地下室底板结构复杂，卷材防水层施工时，卷材施工不到位，造成底板漏水。防治措施：重点加强集水坑、电梯井坑、底板高低差位置的阴阳角处理，为了保证卷材做到位，这些位置均应抹成八字面，卷材附加层经检查合格后，开始大面积做防水卷材。从混凝土底板下甩出的卷材可刷油铺贴在永久保护墙上，但超出永久保护墙的卷材不刷油铺实，而是用附加保护油毡包裹压在基础底板上，待基础施工完毕后撕去保护油毡再刷油，在地下室外墙上铺实。地下室外墙上的防水保护层用 20 ～ 50mm 聚氯乙烯泡沫塑料板代替砖墙保护层，聚氯乙烯泡沫塑料板是软保护层，能缓冲和吸收回填土压力对防水层的破坏，且软保护层对防水层的约束力较小，能保证防水层与建筑物同步沉降，不破坏防水层。

（2）含有地下水的底板，由于降水不到位，混凝土垫层潮湿，造成涂刷的冷底子油不粘，致使防水卷材与垫层无法结合成一体，造成卷材空鼓，底板渗水。防治措施：加强降水力度，地下水位降至垫层以下不少于500mm，保持混凝土表面干燥洁净，在铺贴前1～2天涂刷1～2道冷底子油，保证底油不起泡，至施工人员在上行走时不把混凝土表面带起来时，开始做防水卷材，采用火焰加热器熔化热熔型卷材底层热熔胶进行粘贴，铺贴时卷材与基层宜采用满粘法，随热熔随粘贴，滚铺卷材的部位必须溢出沥青热熔胶，保证粘贴面牢固。

（三）变形缝处渗漏部位、原因及防治方法

建筑物结构断面变化处通常设变形缝，变形缝受气温变化、基础不均匀下沉等因素影响，会使主体结构产生沉降和伸缩现象。为使在变形条件下不渗水，变形缝防水设计要满足密封防水、适应变形的要求。

变形缝有沉降缝和伸缩缝两种，是地下工程重要的防水部位。变形缝力求形式简单，目前常用的变形缝防水构造为埋入式橡胶止水带或后埋式止水带。由于施工条件限制、防水材料质量差以及施工方法不合理等诸多因素的影响，变形缝出现渗漏水，使得地下工程不能充分利用。

防治方法：

（1）清除止水带周围的杂物，检查止水带有无损坏，再浇筑混凝土。

（2）埋入式止水带按设计规定固定，位置准确，严禁止水带中心圆环处穿孔，变形缝的木丝板要对准中心圆环处。

（3）底板混凝土垫层要振捣密实，埋入式止水带由中部向两侧挤压按实，再浇筑混凝土；墙壁上的止水带周围应加强振捣，防止粗骨料集中，必要时采用大体积流动混凝土。

（4）后埋式止水带凹槽的宽度和深度尽量大些，变形缝木丝板要对准止水带中心环以延长渗水路径；凹槽不合格要重新剔槽，凹槽内做抹面防水层，防水层表面应为麻面，转角处做成半径为15～20mm的圆角。

（5）后埋式止水带铺贴时，凹槽内用5mm水泥砂浆抹一层，沿底板中部向两侧铺贴，用手按实，赶出气泡，表面再用稠的水泥浆抹严实。

（6）混凝土覆盖层应在后埋式止水带铺贴后立即浇筑，配合比宜小不宜大，以减少收缩。

（7）为确保变形对覆盖层按设计位置开裂，覆盖层的中间应用木板或木丝板隔开。

第三节　卫生间防水工程

一、卫生间楼地面聚氨酯防水施工

（一）基层处理

卫生间的防水基层必须用1∶3的水泥砂浆找平，要求抹平、压光、无空鼓，表面要坚实，不应有起砂、掉灰现象。在抹找平层时，管道根部周围应略高于地面，地漏周围应做成略低于地面的洼坑。找平层的坡度以2%～5%为宜，坡向地漏。凡遇到阴、阳角处，要抹成半径不小于10mm的小圆弧。与找平层相连接的管件、卫生洁具、排水口等，必须安装牢固，收头圆滑，按设计要求用密封膏嵌固。基层必须基本干燥，一般在基层表面均匀泛白、无明显水印时，才能进行涂膜防水层施工。施工前要把基层表面的尘土、杂物彻底清扫干净。

（二）施工工艺

1. 清理基层

需作防水处理的基层表面必须彻底清扫干净。

2. 涂布底胶

将聚氨酯甲、乙两组分别和二甲苯按1∶1.5∶2的比例（重量比，以产品说明书为准）配制，搅拌均匀，再用小滚刷或油漆刷均匀涂布在基层表面上。涂刷量0.15～0.2kg/m²，涂刷后应干燥固化4h以上，才能进行下道工序施工。

3. 配制聚氨酯涂膜防水涂料

将聚氨酯甲、乙两组分别和二甲苯按 1∶1.5∶0.3 的比例配合，用电动搅拌器强力搅拌均匀备用。应随配随用，一般在 2h 内用完。

4. 涂膜防水层施工

用小滚刷或油漆刷将已配好的防水涂料均匀涂布在底胶已干固的基层表面上。涂完第一遍涂膜后，一般需固化 5h 以上，在基本不粘手时，再按上述方法涂布第二、三、四遍涂膜，并使后一遍与前一遍的涂布方向相垂直。对管子根部、地漏周围以及墙转角部位，必须认真涂刷，涂刷厚度不小于 2mm。在最后一遍涂膜固化前及时稀撒少许干净的粒径为 2～3mm 的小豆石，使其与涂膜防水层黏结牢固，作为与水泥砂浆保护层黏结的过渡层。

5. 做好保护层

当聚氨酯涂膜防水层完全固化和蓄水试验合格后，即可铺设一层厚度为 15～25mm 的水泥砂浆保护层，然后按设计要求铺设饰面层。

（三）质量要求

聚氨酯涂膜防水材料的技术性能应符合设计要求或材料标准规定，并应附有质量证明文件和现场取样试验报告以及其他有关质量的证明文件。聚氨酯的甲、乙料必须密封存放，甲料开盖后，吸收空气中的水分会起反应而固化，如在施工中混有水分，则聚氨酯固化后内部会有水泡，影响防水能力。涂膜厚度应均匀一致，总厚度不应小于 1.5mm。涂膜防水层必须均匀固化，不应有明显的凹坑、气泡和渗漏水现象。

二、卫生间楼地面氯丁胶乳沥青防水涂料施工

氯丁胶乳沥青防水涂料是以氯丁橡胶和沥青为基料，经加工合成的一种水乳型防水涂料。它兼有橡胶和沥青的双重优点，具有防水、抗渗、耐老化、不易燃、无毒、抗基层变形能力强等优点，冷作业施工，操作方便。

（一）基层处理

与聚氨酯防水施工要求相同。

(二) 工艺流程

基层找平处理→满刮一遍氯丁胶乳沥青防水涂料→做细部构造加强层→铺贴玻璃布，同时刷第二遍涂料→刷第三遍涂料→铺贴玻璃纤维网格布，同时刷第四遍涂料→刷第五遍涂料→刷第六遍涂料并及时撒砂粒→蓄水试验→按设计要求做保护层和面层→防水层二次试水、验收。

(三) 质量要求

水泥砂浆找平层做完后，应对其平整度、强度、坡度和干燥度进行预检验收。防水涂料应有产品质量证明书以及现场取样的复检报告。施工完成的氯丁胶乳沥青涂膜防水层不得有起鼓、裂纹、孔洞缺陷。末端收头部位应粘贴牢固、封闭严密，成为一个整体的防水层。做完防水层的卫生间，经24h以上的蓄水试验，无渗漏水现象方为合格。要提供检查验收记录，连同材料质量证明文件等技术资料一并归档备查。

三、卫生间涂膜防水层施工注意事项

施工用材料有毒性，存放材料的仓库和施工现场必须通风良好，无通风条件的地方必须安装机械通风设备。

施工材料多属易燃物质，存放、配料以及施工现场必须严禁烟火，现场要配备足够的消防器材。在施工过程中，严禁上人踩踏未完全干燥的涂膜防水层。操作人员应穿平底胶布鞋，以免损坏涂膜防水层。

凡需做附加补强层的部位应先施工，再进行大面防水层施工。

已完工的涂膜防水层，必须经蓄水试验无渗漏现象后，方可进行刚性保护层的施工。进行刚性保护层施工时，切勿损坏防水层，以免留下渗漏隐患。

四、卫生间渗漏与堵漏措施

(一) 板面及墙面渗水

1.原因

混凝土、砂浆施工质量不良，存在微孔渗漏；板面、隔墙出现轻微裂缝；防水涂层施工质量不好或被损坏。

2. 堵漏措施

（1）拆除卫生间渗漏部位饰面材料，涂刷防水涂料。

（2）如有开裂现象，应先对裂缝进行增强防水处理，再刷防水涂料。

（3）当渗漏不严重、饰面拆除困难时，也可直接在其表面刮涂透明或彩色聚氨酯防水涂料。

（二）卫生洁具及穿楼板管道、排水管口等部位渗漏

1. 原因

细部处理方法欠妥，卫生洁具及管口周边填塞不严；管口连接件老化；由于振动及砂浆、混凝土收缩等原因，出现裂隙；卫生洁具及管口周边未用弹性材料处理，或施工时嵌缝材料及防水涂料黏结不牢；嵌缝材料及防水涂层被拉裂或拉离黏结面。

2. 堵漏措施

（1）将漏水部位彻底清理，刮填弹性嵌缝材料。

（2）在渗漏部位涂刷防水涂料，并粘贴纤维材料。

（3）更换老化管口连接件。

结束语

    在建筑工程项目管理与施工技术的研究之旅即将告一段落之际，我们深切体会到，这一领域的持续探索与创新是推动建筑行业向前发展的不竭动力。通过精细的项目管理，我们不仅实现了工程效率与质量的双重飞跃，更在施工技术的革新中找到了绿色、智能的新路径。未来，随着科技的进步和可持续发展理念的深入人心，建筑工程项目管理与施工技术将迎来更加广阔的前景。我们期待着，通过不懈的努力与智慧的碰撞，能够打造出更多既具艺术美感又兼具实用价值与环保特性的建筑杰作，从而为社会的进步和人类的美好生活贡献力量。

参考文献

[1] 杨建华.建筑工程安全管理[M].北京：机械工业出版社,2019.

[2] 肖凯成,郭晓东,杨波.建筑工程项目管理[M].北京：北京理工大学出版社,2019.

[3] 周太平.建筑工程施工技术[M].重庆：重庆大学出版社,2019.

[4] 兰凤林,黄恒振.建筑工程资料管理[M].2版.武汉：华中科技大学出版社,2019.

[5] 索玉萍,李扬,王鹏.建筑工程管理与造价审计[M].长春：吉林科学技术出版社,2019.

[6] 潘智敏,曹雅娴,白香鸽.建筑工程设计与项目管理[M].长春：吉林科学技术出版社,2019.

[7] 杨莅滦,郑宇.建筑工程施工资料管理[M].北京：北京理工大学出版社,2019.

[8] 王丽群,朱锋.建筑工程资料管理实训[M].北京：北京理工大学出版社,2019.

[9] 姚亚锋,张蓓.建筑工程项目管理[M].北京：北京理工大学出版社,2020.

[10] 钟汉华,董伟.建筑工程施工工艺[M].重庆：重庆大学出版社,2020.

[11] 王光炎,吴迪.建筑工程概论[M].2版.北京：北京理工大学出版社,2020.

[12] 文桂萍.建筑工程教学案例[M].重庆：重庆大学出版社,2020.

[13] 李玉萍.建筑工程施工与管理[M].长春：吉林科学技术出版社,2020.

[14] 袁志广,袁国清.建筑工程项目管理[M].成都：电子科学技术大学出版社,2020.

[15] 王胜.建筑工程质量管理 [M].北京：机械工业出版社,2021.

[16] 刘亚龙，梁晓丹，刘振霞.建筑工程资料管理 [M].北京：北京理工大学出版社,2021.

[17] 郝加利，王光炎，姚洪文.建筑工程监理 [M].北京：北京理工大学出版社,2021.

[18] 殷勇，钟焘，曾虹.建筑工程质量与安全管理 [M].西安：西安交通大学出版社,2021.

[19] 李树芬.建筑工程施工组织设计 [M].北京：机械工业出版社,2021.

[20] 万连建.建筑工程项目管理 [M].天津出版传媒集团；天津：天津科学技术出版社,2022.

[21] 张统华著.建筑工程施工管理研究 [M].长春：吉林科学技术出版社,2022.

[22] 张雷，金建平，解国梁.建筑工程管理与材料应用 [M].长春：吉林科学技术出版社,2022.

[23] 马兵，王勇，刘军.建筑工程管理与结构设计 [M].长春：吉林科学技术出版社,2022.

[24] 付盛忠，金鹏涛.建筑工程合同管理 [M].3 版.北京：北京理工大学出版社,2022.

[25] 赵军生.建筑工程施工与管理实践 [M].天津：天津科学技术出版社,2022.

[26] 马骥，宋继鹏，杜书源.建筑结构设计与工程管理 [M].长春：吉林科学技术出版社,2023.

[27] 孟东秋.建筑工程造价控制与管理研究 [M].北京：中国商务出版社,2023.

[28] 姜旭东，石增孟，岳兵.基于智能化工程的建筑能效管理策略研究 [M].哈尔滨：哈尔滨出版社,2023.

[29] 刘兴国，张兴平，韩树国编.建筑工程招标投标与合同管理实操方略 [M].北京：机械工业出版社,2023.

[30] 张永强，吴高飞，于浩壮.建筑施工企业财务管理与安全评价 [M].武汉：华中科技大学出版社,2023.

[31] 张轶，刘林庆，陈兆升 . 建筑工程管理与实务 [M]. 哈尔滨：哈尔滨工程大学出版社 ,2023.

[32] 翟兴众，吕燕，石峰 . 建筑工程管理与成本核算 [M]. 长春：吉林科学技术出版社 ,2023.